装配式建筑系列新形态教材

U0187425

装配式住宅设计

邓　磊　主编

清华大学出版社
北　京

内 容 简 介

本书以当代人居环境科学理论为基础,以装配式建筑设计方法为指导,重点突出装配式住宅设计基本原理的讲授。

本书主要包括装配式住宅设计认知,装配式住宅设计方法,装配式多层、高层住宅设计实训三个部分内容,共分为六章。第1章概述部分简述了装配式建筑概念、分类、设计特点、结构体系、常见预制构件,装配式混凝土建筑技术及装配式建筑全生命周期各专业协同工作流程。第2~4章理论研究部分针对住宅工业化的历史脉络和理论内涵进行阐述,对国内外的发展历程进行了梳理,并研究了典型案例,剖析了各个阶段的特点。第5章和第6章方案设计及实训部分精选若干研究型设计方案,运用工业化建筑设计理念,对适老化住宅、极限住宅、商住综合、智能建造等社会重点和热点问题进行了思考,借此让学生从装配式住宅设计的角度来回应人口老龄化、城市更新等社会现状。

本书既可以作为高职本科及专科建筑设计专业的装配式住宅设计课程的教材,也可以作为建筑设计类相关专业教材,还可供相关专业的工程技术人员及自学者参考、学习。

图书在版编目(CIP)数据

装配式住宅设计 / 邓磊主编 — 北京 :清华大学出版社,2022.11

装配式建筑系列新形态教材

ISBN 978-7-302-60939-1

Ⅰ. ①装… Ⅱ. ①邓… Ⅲ. ①装配式单元－住宅－建筑设计－教材 Ⅳ. ①TU241

中国版本图书馆 CIP 数据核字(2022)第 088969 号

责任编辑:杜 晓
封面设计:曹 来
责任校对:刘 静
责任印制:曹婉颖

出版发行:清华大学出版社

  网 址:http://www.tup.com.cn,http://www.wqbook.com

  地 址:北京清华大学学研大厦 A 座 邮 编:100084

  社 总 机:010-83470000 邮 购:010-62786544

  投稿与读者服务:010-62776969,c-service@tup.tsinghua.edu.cn

  质量反馈:010-62772015,zhiliang@tup.tsinghua.edu.cn

  课件下载:http://www.tup.com.cn,010-83470410

印 装 者:北京嘉实印刷有限公司

经 销:全国新华书店

开 本:185mm×260mm 印 张:15.25 字 数:347 千字

版 次:2022 年 11 月第 1 版 印 次:2022 年 11 月第 1 次印刷

定 价:49.00 元

产品编号:098072-01

前　言

住宅居住环境改善、建造方法升级是广大建设者的永恒追求。我国改革开放以来,住宅建设保持着高速增长,居住环境和居民生活得到了极大提升,随着经济和社会的发展,住宅产业面临着转型升级的严峻考验,发展住宅工业化已经成为业界共识。住宅工业化将住宅的各个组成部分在工厂生产、现场装配方面代替手工作业,实现了住宅建设的高效率、高质量、可持续。改变传统的住宅建造方式并推广工业化的方式,可以有效改善我国住宅建设的现存问题,提高住宅品质。

2016 年 9 月 27 日国务院常务会议审议通过的《关于大力发展装配式建筑的指导意见》及 2020 年 8 月 28 日《住房和城乡建设部等部门关于加快新型建筑工业化发展的若干意见》中提出,10 年内我国新建建筑中,装配式建筑比例将达到 30%。由此,我国每年将建造几亿平方米的装配式建筑,这个规模和发展速度在世界建筑产业化进程中是前所未有的,我国建筑业面临巨大的转型和产业升级的压力。因此,培养相关技术人才刻不容缓。

纵观各类已出版的装配式建筑相关教材,装配式建筑概论、建造施工、深化设计、构配件生产等已初成体系。但是,建筑产业链前端的装配式建筑设计相关教材(尤其是高职高专类教材)还有待开发。本书基于对我国建筑产业转型升级、供给改革和行业发展趋势的认识,为推进住宅产业现代化,适应新型住宅工业化的发展要求,旨在引导高等院校和企业正确掌握装配式住宅建筑设计的原理和方法,便于住宅建筑设计人员在工程实践中进行操作和应用。在教学方面,从高职高专学生的学情及学习特点出发,探讨了在住宅工业化背景下,住宅设计原理的流变与更新。

本书以“新形态一体化教材”开发理念为指导,并配套《装配式住宅设计》在线开放课程微课资源,适用于高校建筑设计专业教学使用,也适用于相关工程技术人员自学进修使用。本书将住宅工业化的原理贯穿始终,且对住宅供给、住宅二次改造、产品生产方面均有诸多考虑。本书的编写以国家和行业装配式住宅建筑现行规范、规程为依据,结合大量装配式混凝土建筑设计概念研究与方案设计方法,层次分明,通俗易懂,便于读者快速认知装配式建筑。

　　本书为江苏城乡建设职业学院工程造价省级高水平专业群立项建设项目(项目编号:ZJQT21002308)。本书由江苏城乡建设职业学院和南京长江都市建筑设计有限公司采用校企合作的模式共同编写、开发完成。本书由江苏城乡建设职业学院邓磊担任主编,南京长江都市建筑设计有限公司吴敦军、张奕担任副主编,江苏城乡建设职业学院袁乐、蒋吉凯参编。此外,南京长江都市建筑设计有限公司的吴敦军、张奕为本书提供了部分工程项目案例。

　　在本书相关的编写过程中参考了大量的文献和资料,在此谨向这些文献的作者致以诚挚的谢意。由于编者水平有限,书中难免有疏漏、不足之处,真诚欢迎广大读者批评、指正。

邓磊

2022 年 3 月

目　录

第1章 装配式住宅概述

1.1 建筑工业化

　　建筑工业化是伴随西方工业革命而萌生的概念,工业革命让船舶制造、汽车生产的效率大幅提升。随着欧洲兴起的新建筑运动和实行工厂预制、现场机械装配的建造方式,逐步形成了建筑工业化最初的理论雏形。"二战"后,西方国家亟须解决大量的住房问题,但又面临劳动力的严重缺乏,其为推动建筑工业化提供了实践基础,因其工作效率高而在欧美风靡一时。1974年,联合国出版的《政府逐步实现建筑工业化的政策和措施指引》中定义了"建筑工业化"的概念:按照大工业生产方式改造建筑业,使之逐步从手工业转向社会化大生产的过程。它的基本途径是建筑标准化,并逐步采用现代科学技术的新成果,以提高劳动生产率,加快建设速度,降低工程成本,提高工程质量。

　　建筑工业化采用在工厂内大规模预制的生产方式,包括墙板、叠合梁、楼梯、阳台等部品构件,强调利用现代科学技术、先进管理方法和工业化生产方式将建筑生产全过程联结为一个完整的产业系统(图1-1)。这一生产方式使得传统建筑业由高污染、高能耗、低效率、低品质的传统粗放模式,向低污染、低能耗、高品质、高效率的现代集约方式转变。

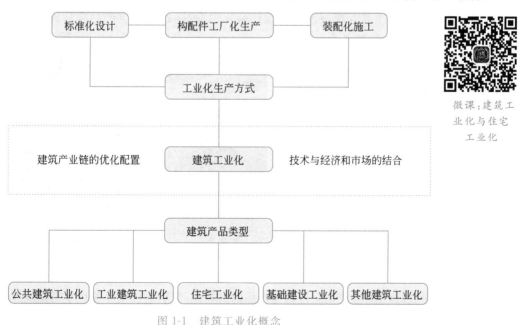

微课:建筑工业化与住宅工业化

图 1-1　建筑工业化概念

1.1.1 建筑工业化的基本内容

建筑工业化的基本内容包括以下几个方面：①采用先进、适用的技术、工艺和装备,科学合理地组织施工,发展施工专业化,提高机械化水平,减少繁重、复杂的手工劳动和湿作业;②发展建筑构配件、制品、设备并形成适度的规模经营,为建筑市场提供各类建筑使用的系列化通用建筑构配件和制品;③制订统一的建筑模数和重要的基础标准(模数协调、公差与配合、合理建筑参数、连接等),合理解决标准化和多样化的关系,建立和完善产品标准、工艺标准、企业管理标准等,不断提高建筑标准化水平;④采用现代管理方法和手段,优化资源配置,实行科学的组织和管理,培育和发展技术市场和信息管理系统。

具体来讲,建筑工业化的主要标志是建筑设计的标准化与体系化,建筑构配件生产的工业化,建筑施工的机械化和组织管理的信息化。

1.建筑设计的标准化与体系化

建筑设计标准化是将建筑构配件的类型、规格、质量、材料、尺度等规定统一的标准,将其中建造量大、使用面积广、共性多、通用性强的建筑构配件及零部件、设备装置或建筑单元,经过综合研究编制配套的标准设计图,进而汇编成建筑设计标准图集。标准化设计的基础是采用统一的建筑模数,减少建筑构配件的类型和规格,提高通用性。体系化是根据各地区的自然特点、材料供应和设计标准的不同要求,设计出多样化和系列化的定型构件与节点。建筑师在此基础上灵活选择不同的定型产品,组合出多样化的建筑体系。

2.建筑构配件生产的工业化

建筑构配件生产的工业化是将建筑中量多面广、易于标准化设计的建筑构配件由工厂进行集中批量生产(图 1-2),采用机械化手段,提高劳动生产率和产品质量,缩短生产周期。批量生产出来的建筑构配件进入流通领域成为社会化的商品,促进建筑产品质量的提高,降低生产成本,最终将推动建筑工业化的发展。

图 1-2　预制构件的工业化生产

3.建筑施工的机械化

建筑设计的标准化、构配件生产的工厂化和产品的商品化,使建筑机械设备和专用设备得以充分开发应用(图 1-3)。专业性强、技术性高的工程(如桩基、钢结构、张拉膜结构、预应力混凝土等项目)可由具有专业设备和技术的施工队伍承担,使建筑生产进一步走向专业化和社会化。

图 1-3　预制构件机械化施工

4.组织管理信息化

组织管理信息化指的是生产要素的合理组织,组织管理信息化的核心是"集成",而BIM(Building Information Modeling,建筑信息模型,以下简称BIM)技术是"集成"的主线。这条主线串联起设计、生产、施工、装修和管理的全过程,服务于设计、建设、运维、拆除的全生命周期,可以以数字化虚拟、信息化来描述各种系统要素,实现信息化协同设计、可视化装配、工程量信息的交互和节点连接模拟及检验等全新运用,整合建筑全产业链,实现全过程、全方位的信息化集成。

1.1.2　建筑工业化的主要特征

传统的建筑生产方式是将设计与建造环节分开,设计环节仅从目标建筑体以及结构的设计角度出发,而后将所需的建材运送至目的地,进行露天施工、竣工验收的方式。而建筑工业化生产方式,是设计施工一体化的生产方式,是从标准化的设计至构配件的工厂化生产,再进行现场装配的过程。建筑工业化的主要特征包括以下几个方面。

(1)设计和施工的系统性。在实现一项工程的每一个阶段,从市场分析到工程竣工都必须按计划进行。

(2)施工过程和施工生产的重复性。构配件生产的重复性只有当构配件能够适用于不同规模的建筑、不同的使用目的和环境才有可能。构配件如果要进行批量生产就必须具有一种规定的形式,即标准化。

(3)建筑构配件生产的系列化。没有任何一种确定的工业化结构能够适用于所有的建筑建造需求,因此,建筑工业化必须提供一系列能够组成各种不同建筑类型的构配件。

1.1.3　建筑工业化的优势

建筑工业化颠覆传统建筑生产方式,将设计施工环节一体化。建筑工业化使设计环节成为关键,该环节不仅是设计蓝图至施工图的过程,而且还需要将构配件标准、建造阶段的配套技术等都纳入设计方案中,从而使设计方案作为构配件生产标准及施工装配的指导文件。与传统建筑生产方式相比,建筑工业化具有不可比拟的优势,主要体现在以下几个方面。

（1）提高工程建设效率。建筑工业化采取设计施工一体化的生产方式，从建筑方案的设计开始，建筑物的设计就遵循一定的标准，为大规模重复制造与施工打下基础。构配件可以实现工厂化的批量生产及后续短暂的现场装配过程，建造过程大部分在工厂内进行。与传统的现场混凝土浇筑、缺乏培训的劳务工人手工作业相比，建筑工业化将极大提升工程的建设效率。较为成熟的预制装配建造方式与现场手工方式相比节约工期可达 30%以上。

（2）提高工程建设质量。工厂化预制的生产方式具有设备精良、工艺完善、技术工人操作熟练等优点，构配件生产稳定且有质量保障。对工业化预制装配式建筑设计的研究表明，外墙的装饰瓷砖若采用现场粘贴，粘贴强度易受外界温度因素影响，耐久性难以保证，所以在高层建筑中是禁止使用的。若采用预制挂板方式，瓷砖通过预制混凝土粘贴，粘贴强度要比现场操作提高数倍，并可以应用于高层建筑中。

（3）节能减排，实现可持续发展。我国仅民用建筑在生产、建造、使用过程中的能耗约占全社会总能耗的 49.5%。2021 年 1 月 25 日，习近平总书记在世界经济论坛"达沃斯议程"对话会上发表特别致辞：中国将全面落实联合国 2030 年可持续发展议程。加强生态文明建设，加快调整优化产业结构、能源结构，倡导绿色低碳的生产生活方式。力争于 2030年前二氧化碳排放达到峰值、2060 年前实现碳中和。2021 年 3 月 11 日，党的第十三届全国人民代表大会第四次会议批准"十四五"规划和 2035 年远景目标纲要，提出要积极应对气候变化，落实 2030 年应对气候变化国家自主贡献目标，制定 2030 年前碳排放碳达峰行动方案。为实现这一目标，能耗大户建筑业在低碳环保、绿色节能发展方面责无旁贷。而建筑工业化将助推建筑业走向低碳、低能耗、可持续发展道路。据万科工业化实验楼建设过程的统计数据显示，与传统施工方式相比，工业化建造方式每平方米建筑面积的水耗降低 64.75%、能耗降低 37.15%、人工减少 47.35%、垃圾减少 58.89%、污水减少 64.75%。其他统计数据显示，工业化建造方式比传统方式减少能耗 60%以上，减少垃圾 80%以上，对资源节约的贡献非常显著。

（4）降低建筑的综合成本。通过大规模、标准化的生产，将在劳务用工、材料节约、能耗减少等角度降低建筑的综合成本。据南京大地建设集团统计数据显示：与传统现浇技术相比，采用新型建筑工业化方式，工期可缩短 30%以上，施工周转耗材可节约 80%以上。

1.2　住宅产业化及相关概念

住宅建造有着数千年的历史，但把它作为一个产业，是与社会经济发展的一定状况和阶段相联系的。当今世界各国都把发展住宅产业作为重大政策加以研究，制定适合本国国情的住宅产业政策。

住宅产业化离不开建筑工业化。20 世纪 50 年代，欧洲一些国家为解决第二次世界大战后城市的重建问题，大力推进建筑工业化；20 世纪 60 年代建筑工业化扩展到美国、加拿大、日本等国家；20 世纪 70 年代，西方国家住宅工业化建设逐渐从数量的发展向质量性能的提高过渡；20 世纪 80 年代以后，更是加大住宅产业科技投入，关注高新技术和生态环境保护,向注重个性化、多样化以及高环境质量的方向发展。而我国的住宅产业化起步较晚,促进住宅产业化的发展具有重要的现实意义。

1.2.1 住宅产业的含义

在以往的经济学中没有住宅产业的概念。在三级产业分类中,建筑业被划为第二产业,房地产业被划为第三产业。虽然没有独立的住宅产业分类,但建筑业、房地产业中包含着住宅开发、建造、经营、管理全过程的经济活动。现在一般的共识是住宅产业是指标准产业分类的各产业领域与住宅相关的各行业的总和,是指以解决居民居住问题为目的而进行开发、建设、经营、管理和服务的产业,即从事住宅项目策划、规划设计、施工建造、构配件生产、设备制造、材料装修、流通交易、物业管理、维修服务、住宅金融等活动的总和。

1.2.2 住宅产业化

确切地说,住宅产业化应是住宅产业现代化,其根本标志是工业化、集约化、专业化、标准化、科技化。以住宅建筑为最终产品,以住宅需求为导向,以建材、轻工等行业为依托,以工业化生产各种住宅构配件及部品,以人才科技为手段,通过将住宅生产全过程的规划设计、构配件生产、施工建造、销售和售后服务等环节联结为一个完整的产业系统,做到住宅建设定型化、标准化,建筑施工部件化、集约化,以及住宅投资专业化、系列化。其意义不仅在于建造几种新住宅产品,更是一项系统工程,将使住宅建设的规划、设计、施工、科研、开发、产品集约化生产到小区现代化物业管理形成一套全新的现代化住宅建设体系,从而实现以大规模的成套住宅建设来解决居住问题。

我国提出并大力推行住宅产业化,成立了住宅产业化办公室和住宅产业化促进中心,先后下发了《提高住宅产品质量的若干意见》《商品住宅性能认定管理办法》《住宅建筑设计规范》(GB 50096—1999)、《国家康居示范工程实施大纲》等文件;同时提出了完善住宅技术基础工作的诸多目标,如能耗降低率、科技进步贡献率、先进材料使用率和住宅建筑节能等,表明我国对住宅产业化的重视。推进住宅产业化的根本目的是实现我国住宅建设从粗放型向集约型转变,实现住宅产品、住宅产业的现代化。

我国住宅产业只能选择资源节约型发展模式,应该把保证住宅全寿命周期质量作为设计的基本原则,全面推行住宅性能认定制度,实行技术集成,大力推广应用先进、适用的成套技术。在标准化和模数化的基础上,实现部件通用化,最终提高生产效率与品质。住宅产品生产是形成标准化设计、系列化开发、工业化生产、装配化施工、社会化配套供应、规范化管理的社会化大生产,只有现代化的产业体系,才能充分满足住宅产业现代化的要求。

1.2.3 工业化住宅

工业化住宅即采用工业化的建造方式大批量生产的住宅产品。工业化的建造方式主要有以下两种。

1. 构配件定型生产的装配施工方式

构配件定型生产的装配施工方式即按照统一标准定型设计,在工厂中批量生产各种构件,然后运到工地,以机械化的方法装配成房屋。它的主要优点是工厂生产构件效率高,质量好,受季节影响小,现场安装的施工速度快。它的主要缺点是工业化住宅首先必须建立材料和构件加工的各种生产基地,一次性投资大;各企业要有较大、较稳定的工作量,才能保证大批量的连续生产;构件定型后灵活性小,处理不当易使住宅建筑单调呆板。

2. 工具模板定型的现场浇筑施工方式

工具模板定型的现场浇筑施工方式即采用工具式模板在现场以高度机械化的方法施工,代替繁重的手工劳动。它的主要优点是比预制装配方式一次性投资少、适应性大、节约运输费用、结构整体性强。它的主要缺点是现场用工量比预制装配式的大,所用模板比预制装配式的多,施工容易受到季节时令的影响。由于这些原因,近年来又有预制和现浇相结合的发展趋势。

我国的工业化住宅从 1953 年开始发展砌块建筑,1958 年开始了装配式壁板建筑的试点,到 20 世纪 60 年代初期已经有了成片的砖壁板住宅小区。20 世纪 70 年代以后,我国的工业化住宅又在现浇工具式模板工艺方面积累了一些经验,主要是大模板住宅和一些滑升模板住宅。同时,研究试建了一批框架轻板建筑。到 1978 年年底,砌块建筑已在浙江、上海、福建、四川、贵州、广东和广西等省市广泛采用。装配式壁板住宅主要在北京、南宁、昆明、西安、沈阳等城市建造。同时,大模板住宅也在北京、上海、沈阳等城市建造。

改革开放以来,在大规模的城市建设过程中,住宅建造中所采用的建筑工业化方式也在发生变化。在工厂生产现场装配的大板住宅体系因其性能缺陷、交通运输、工厂用地、经营成本等原因,已逐渐萎缩。而采用模板现场浇筑的各种施工体系,如内浇外砌住宅、框架住宅等得到了较大的发展。

在我国住宅产业化的发展进程中,在市场经济条件下,住宅是人们所必需的生活资料,而进入市场的商品房是一种特殊商品。要实现"居者有其屋"的目标,一方面是对中等以上收入人群来说,其住房需要由商品房市场来供应;另一方面是对低收入人群而言,其住房需要由政府主导建设大量公租房和廉租房来加以保障,而这部分住宅的建设,更需要也更适合采用工业化住宅的大批量建造方式和生产方法。

1.3 国外住宅工业化发展历程及现状

1.3.1 国外住宅工业化发展历程

住宅工业化的概念起源于欧洲。18 世纪产业革命以后,随着机器大工业的兴起、城市发展与技术进步,建筑工业化的概念开始萌芽。20 世纪二三十年代,当时有观点提出,应当改革传统的房屋建造工艺,由专业化的工厂成批生产可供安装的构件,通过现场组装的主要途径来完成房屋建造,不再

微课:国外住宅
工业化发展
历程及特点

把全部工艺过程都安排到施工现场内完成,这就基本形成了早期住宅工业化理论。第二次世界大战后,欧洲面临住房紧缺和劳动力缺乏两大困难,促使建筑工业化迅速发展,其中,法国和苏联发展最快。到20世纪60年代,欧洲各国以及美国、日本等经济发达国家的住宅工业化也都迅速发展起来。

住宅工业化在国外的发展历程主要经历三个阶段。

(1)第一阶段:1950—1970年,主要发展预制式大板和工具式模板现浇,结构体系混杂,难以形成通用的标准体系,产品质量水平不高。

(2)第二阶段:1970—1990年,主要发展通用构配件制品和设备,形成统一且多样化的建筑体系,新产品质量、施工机械化与自动化水平明显提高。

(3)第三阶段:1990年至今,开始向大规模通用体系转变,以标准化、体系化、通用化建筑构配件和建筑部品为中心,新产品质量认定体系逐步完善;各国的模数协调标准正在逐步向国际标准靠拢;工业建筑赋予了环保、节能、耐久、多功能及舒适性等内涵,也标志着建筑工业化进入更高的发展阶段。

1.3.2 国外住宅工业化现状

由于各国经济水平、资源条件、劳动力状况的不同,其住宅工业化的发展模式也有所不同。以下分别从欧洲、亚洲、北美等发达国家和地区的建筑工业化历程进行简要的概述。

1. 瑞典、芬兰、丹麦等北欧国家的住宅工业化

北欧的瑞典、芬兰、丹麦等国家,独栋住宅以一层及两层的木结构建筑为主,多层住宅以轻钢结构建筑为主。其中瑞典的钢结构尤其是轻钢结构最为发达,也是当今世界上最大的轻钢结构住宅制造国,并且生产供应欧洲各国。住宅采用以通用部件为基础的建筑通用体系,形成了复合墙体、门窗、楼梯、厨卫标准件等系列住宅工业化产品的标准体系,使建筑部品部件的规格、尺寸、连接等形成了统一的标准化、系列化。

目前,瑞典和丹麦新建住宅之中通用部件占到了80%,既满足多样性的需求,又达到了50%以上的节能率,这种新建建筑的能耗比传统建筑有大幅度的下降。丹麦是一个将模数法制化应用在装配式住宅中的国家,国际标准化组织(International Organization for Standardization,ISO)模数协调标准即以丹麦的标准为蓝本编制而成的。故丹麦推行建筑工业化的途径实际上是以"产品目录设计"为标准的体系,使部件达到标准化,然后在此基础上实现多元化的需求,所以丹麦建筑实现了多元化与标准化的和谐统一。

2. 德国、法国、英国等西欧国家的住宅工业化

"德国是世界上住宅装配化与建筑能耗降低幅度发展最快的国家",德国建筑业协会副主席格拉斯·路德维希指出:"德国建筑业基于全绿色生态产业链、环保与节能全系统的可持续发展,正在重视装配式住宅建筑工业化的产业组织、生产技术、管理维护与环保回收等环节进一步工业优化进程。"德国的装配式住宅与建筑主要采用叠合板、混凝土剪力墙结构体系、剪力墙板、梁、柱、楼板、内隔墙板、外挂板、阳台板等构件。其构件预制与装配建设已经进入工业化、专业化设计,标准化、模块化、通用化生产,其构件部品易于仓储、运输,可多次重复使用、临时周转,并具有节能低耗、绿色环保的永久性能。

德国在推广装配式产品技术、推行环保节能的绿色装配方面已有较成熟的经历,建立了非常完善的绿色装配及其产品技术体系。从大幅度的节能到被动式建筑,都采取了装配式住宅来实施,装配式住宅与节能标准充分融合,形成研发、设计、生产、施工的强大预制建筑工业化产业链(图 1-4);高校、专业研究机构和企业研发部门提供技术支持;建筑、结构、水暖电协作配套,进行构件的审核设计;施工企业与机械设备供应商合作密切,机械设备、材料和物流先进,摆脱了固定模数尺寸限制。另外还形成了盒子式、单元式或大板装配体系等工业化住宅形式。该类结构由工厂将层间的标准单元整浇或拼装成盒子形式的部件,再运到施工现场组装,可以获得非常强烈的造型效果。这需要工业化程度高的生产、运输、起吊等设备。

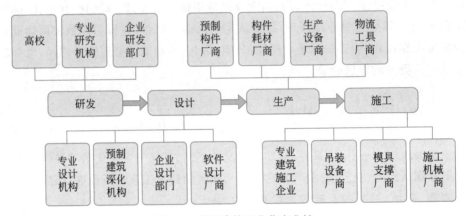

图 1-4　德国建筑工业化产业链

法国在 1891 年就已实施了装配式混凝土的构建,迄今已有 130 年的历史。法国建筑以混凝土体系为主,钢、木结构体系为辅,多采用框架或者板柱体系,向大跨度发展,焊接、连接等干法作业流行,结构构件与设备、装修工程分开,减少预埋,生产和施工质量高,主要采用预应力混凝土装配式框架结构体系,装配率达到 80%,脚手架用量减少 50%,节能达到 70%。

英国政府积极引导装配式建筑发展。明确提出英国建筑生产领域需要通过新产品开发、集约化组织、工业化生产以实现"成本降低 10%,时间缩短 10%,缺陷率降低 20%,事故发生率降低 20%,劳动生产率提高 10%,最终实现产值利润率提高 10%"的具体目标。同时,英国政府出台一系列鼓励政策和措施,大力推行绿色节能建筑,以对建筑品质、性能的严格要求促进行业向新型建造模式转变。英国装配式建筑的发展需要政府主管部门与行业协会等紧密合作,完善技术体系和标准体系,促进装配式建筑项目实践。可根据装配式建筑行业的专业技能要求,建立专业水平和技能的认定体系,推进全产业链人才队伍的形成。除了关注开发、设计、生产与施工外,还应注重扶持材料供应和物流等全产业链的发展。

3. 日本、新加坡等亚洲国家及中国香港地区的住宅工业化

日本的建筑工业化始于 20 世纪 60 年代初期,随着住宅需求的急剧增加,建筑技术人员和熟练工人明显不足。为了简化现场施工,提高产品质量和效率,日本对住宅实行部品化、批量化生产。20 世纪 70 年代是日本住宅产业的成熟期,大企业联合组建集团进入住

宅产业,在技术上产生了盒子住宅、单元住宅等形式。同时设立了产业化住宅性能认证制度,以保证产业化住宅的质量和功能。这一时期,产业化方式生产的住宅占竣工住宅总数的10%左右。20世纪80年代中期,为了提高工业化住宅体系的质量和功能,设立了优良住宅部品认证制度,这时产业化生产方式的住宅占竣工住宅总数的15%～20%,住宅的质量和功能得到提高。到20世纪90年代,采用产业化方式生产的住宅占竣工住宅总数的25%～28%。

新加坡是世界上公认的住宅问题解决较好的国家,其住宅多采用建筑工业化技术加以建造,其中,住宅政策及装配式住宅发展理念促使其工业化建造方式得到大规模推广。新加坡开发出15～30层的单元化的装配式住宅,占全国总住宅数量的80%以上。通过平面的布局、部件尺寸和安装节点的重复性来实现标准化。以设计为核心,设计和施工过程相互之间配套融合,装配率达到70%。新加坡建设局对工业化的推进极为重视,在2000年就制定了易建设计规范(Code of Practice on Buildable Design),该规范规定了不同建筑物易建性的最低计分要求,也就是给工业化方法打分的制度,不达到最低标准不发施工执照。

我国香港地区房屋署自20世纪80年代初即推行工业化技术,工业化率不断提高。但由于运输和道路的限制,市区内建设较难采用预制技术,而新开发的住宅区则广泛采用工业化方法。

4. 北美地区的住宅工业化

早在20世纪三四十年代的美国,由于贫民住宅需求以及战争等因素,出现了大量汽车拖车式的、用于野营的汽车房屋。当时的汽车房屋十分简易,几乎就是一辆汽车,算不上真正的房子。但受其启发,一些住宅生产厂家也渐渐开始生产外观更像传统住宅,但可用大型汽车拉到各个地方直接安装的工业化住宅。

到了20世纪70年代,人们对住宅的要求更高了:面积更大,功能更全,外形更美观。于是,美国国会在1976年通过了《国家工业化住宅建造及安全法案》;美国联邦政府住房和城市发展部(Department of Housing and Urban Development,HUD),出台了美国工业化住宅建设和安全的一系列严格的行业规范标准,称为HUD标准。

1976年后,美国所有工业化住宅都必须符合HUD标准。只有达到HUD标准,并拥有独立第三方检查机构出具的证明,工业化住宅才能出售。此后,HUD又颁发了联邦工业化住宅安装标准,它是美国所有新建工业化住宅进行初始安装的最低标准,用于审核所有生产商的安装手册和州立的安装标准。对于没有颁布安装标准的州,该条款将成为强制执行的标准。这些严格的规范和标准,自出台后一直沿用至今。正因为政策的推动,美国建筑工业化走上了快速发展的道路。据美国工业化住宅协会统计,2001年,美国的工业化住宅已达到1000万套,占美国住宅总量的7%,为2200万的美国人解决了居住问题。2007年,美国的工业化住宅总值达到118亿美元。目前,在美国的每16个人中就有1个人居住的是工业化住宅。

加拿大装配式建筑与美国发展相似,从20世纪20年代开始探索预制混凝土的开发和应用,到20世纪六七十年代该技术得到大面积应用。装配式建筑在居住建筑,学校、医院、办公等公共建筑,停车库、单层工业厂房等建筑中得到广泛应用。在工程实践中,由于大量应用大型预应力预制混凝土构件技术,使装配式建筑更加充分地发挥其优越性。

1.4 国内住宅工业化发展历程及现状

1.4.1 国内住宅工业化发展历程

我国的住宅工业化始于 20 世纪 50 年代第一个五年计划时期,大致经历了四个发展阶段。

(1)第一阶段:1950—1970 年,尝试发展期。发展预制构件和大板预制装配建筑,初试住宅工业化发展之路。

(2)第二阶段:1970—1990 年,摸索发展时期。推广了一系列新工艺,如大板和升板体系、苏联和南斯拉夫体系、预制装配式框架体系等,对住宅工业化发展起到了有益的推进作用。

(3)第三阶段:1990—2005 年,萎缩期。住宅工业化发展停滞不前,预制构件及建筑部品在建筑领域几乎消亡。

(4)第四阶段:2005 年至今,推动期。住宅工业化重新崛起,不同工业化结构体系探索发展。多地出台政策,地方政府积极推动,企业积极参与。

国务院在 1956 年 5 月做出的《关于加强和发展建筑工业的决定》中明确提出:"为了从根本上改善我国的建筑工业,必须积极地、有步骤地实行工厂化、机械化施工,逐步完成对建筑工业的技术改造,逐步完成向建筑工业化的过渡。"随后迅速建立起建筑生产工厂化和机械化的初步基础,对完成当时的国家建设起到了显著的作用。

经过 20 多年的实践,1978 年国家基本建设委员会正式提出,住宅工业化以建筑设计标准化、构件生产工业化、施工机械化以及墙体材料改革为重点。在以后的很长一段时间里,我国一直沿用住宅工业化的提法,住宅工业化作为我国建筑业发展的指导思想,也成为我国建筑业追赶世界先进水平的着眼点和着力点。

但令人遗憾的是,自 20 世纪 80 年代后期,住宅工业化的概念销声匿迹,其进程也随之中断,没能伴随改革开放和我国工业化、城市化、市场化大发展,特别是建筑业大发展时期,住宅工业化与我国失之交臂,取而代之的是所谓住宅产业化,其着力点是设计标准化、施工大机械化以及要求墙体材料改革适应住宅产业化的要求。

纵观 20 世纪推行住宅工业化的得失与成败,过分强调设计标准化与施工机械化带来了许多隐患。特别是装配工业化仍不成熟,导致房屋局部漏风、漏水、不隔声等房屋质量问题。由此可见,脱离物质条件、技术条件和工业基础,盲目推行装配式住宅是不可取的。反观当前我国的建筑工业化水平,装配式住宅的相关技术条件趋于成熟、完备,推广装配式住宅大有可为。

1.4.2 国内住宅工业化现状

1995 年,国家启动重大科技产业工程项目——2000 年小康型城乡住宅科技产业工程,标志着住宅产业重新开始受到国家关注。同年,建设部下发了《建筑工业化发展纲要》,加快了我国住宅工业化发展步伐。1999 年,国务院办公厅转发建设部《关于推进住宅产业现代化提高住宅质量若干意见的通知》,提出了住宅产业化的发展目标:为了满足人民群众日益增长的住房需求,加快住宅建设从粗放型向集约型转变,推进住宅产业现代化,提高住宅质量,促进住宅建设成为新的经济增长点。2006 年建设部下发《国家住宅产业化基地试行办法》,在全国先后建立了 27 个国家住宅产业化基地,有 300 多个国家示范工程项目实施。2011年住房和城乡建设部制定的《建筑业发展"十二五"规划》、2012 年财政部与住房和城乡建设部发布的《关于加快推动我国绿色建筑发展的实施意见》、2013 年国家发展和改革委员会与住房和城乡建设部联合下发的《绿色建筑行动方案》等文件中都明确指出要大力发展和推动住宅工业化。2016 年,《中共中央　国务院关于进一步加强城市规划建设管理工作的若干意见》中提出"力争用 10 年左右时间,使装配式建筑占新建建筑的比例达到 30%"。

上述表明我国的住宅工业化工作正在积极有效地向前推进。近年来,我国的住宅工业化在三个方面取得较大进展:①工业化整体技术水平有了较大提升。通过大力推进住宅工业化,一方面推动了我国工程建设的技术进步,同时也促进了新技术、新材料、新产品、新设备在工程建设中的广泛应用。②住宅工业化尤其是住宅产业化工作的组织框架基本形成。全国各主要省市都成立了住宅产业化工作机构,并将住宅产业化工作列入日常工作中。北京、上海、河北、江苏、深圳、沈阳、济南、合肥等省(市)相继出台了《关于推进住宅产业化的指导意见》以及相应的鼓励政策,有些城市已经在实践中取得了较好成绩,在全国范围内产生了积极影响。③推动住宅工业化的市场动力逐步增强。随着我国经济社会的不断发展,建筑业生产成本不断上升,劳动力与技工日渐短缺,这从客观上促使越来越多的开发企业、设计单位、施工企业积极投身到住宅工业化工作中,把推进住宅工业化作为促进企业转型升级、降低成本、提高劳动生产率、实现可持续发展的重要途径。④发展装配式建筑在节能、节材减排方面的成效已在实际项目中得到证明。在资源、能源消耗和污染排放方面,根据住房和城乡建设部科技与产业化发展中心对 13 个装配式混凝土建筑项目的跟踪调研和统计分析,装配式建筑相比现浇建筑,建造阶段可以大幅减少木材模板、保温材料(寿命长,更新周期长)、抹灰水泥砂浆、施工用水、施工用电的消耗,并减少 80% 以上的建筑垃圾排放,减少碳排放、扬尘和噪声污染,有利于改善城市环境、提高建筑综合质量和性能、推进生态文明建设。

1.4.3　国内住宅工业化发展过程中存在的问题

2014 年,中国施工企业管理协会派专人对我国住宅工业化现状进行调研,调研组先后到天津市住宅集团、江苏中南建设集团、沈阳万融建设集团、赤峰宏基建筑集团、积水置业(沈阳)公司、万科集团等多家住宅工业化企业进行实地走访,对住宅工业化推进情况有了深入了解,同时也发现了一些亟待解决的问题:①激励和引导住宅工业化创新发展的整体机制没有形成。这些地方行业行政主管部门对推进建筑工业化工作还缺乏深刻的认识。住宅工业化主要通过市场力量来推动,但也需要政府积极引导。②支持建筑工业化的政策还没完全到位。现有住宅工业化政策还不是强制性的,缺乏必要的鼓励措施。住宅工业化标准体系不够完善。住宅工业化标准体系的建立是企业实现建筑产品大批量、社会化、商品化生产的前提。除了各个工业化试点企业自定标准外,国家没有出台行业强制性标准,工业化的设计、生产、安装和验收等环节的标准都有缺失,造成工业化标准体系建设不够完善,并且滞后于整个行业发展的现状。③现行的税收制度增加了企业负担。大多数建筑工业化企业在生产过程和现场组装施工时都要缴纳税款,这样明显存在重复征税现象。据测算,重复收税会造成住宅工业化企业的生产成本上升 10% 左右,增加了企业负担。④地域差异制约住宅工业化发展。各地方政府对工业化项目的容积率、预制装配率等指标要求不同,造成建筑工业化企业要根据不同地域的要求去被动适应,否则不能通过审批、施工许可和竣工验收,严重制约了住宅工业化的发展。

现阶段,我国的住宅工业化实践仍以政府为主导的保障性住房建设为主,而以商品住宅为载体的实践项目却是少之又少。近年来,我国在工业化建造建筑产业,特别是工业化住宅产业方面也开展了一系列的技术研发和工程示范,但还存在以下几个方面的问题。

1. 我国的装配式建筑部品仍处在自发的发展阶段

尽管我国的建筑部品、住宅部品标准化工作已取得很大成绩,但市场适应性、通用性和配套性尚不充分,更缺乏装配式建筑典型部品信息化模型和全寿命过程信息化管理方面的相关研究和应用。

2. 装配式工业化建造建筑体系缺乏,研发工作不尽如人意

尽管国内在预制装配式混凝土建筑、预制装配式木结构建筑、预制装配式钢结构建筑等方面都在开展体系研发和技术攻关,但尚处在初级阶段,行业内也没有形成供企业初期发展需要的公开体系。企业在研发过程中,往往注重的是装配化建造,而不是基于模数化、标准化的工业化建造。

3. 社会对装配式工业化建造建筑的认识还存在问题

由于传统的钢筋混凝土装配式体系存在低水平、低质量的缺点,使该类体系的技术发展和工程实践几乎完全停滞。在美国、日本和中国台湾等地震高发国家和地区,现代的钢筋混凝土装配式工业化建造的建筑仍然得到广泛应用,并在大震的情况下表现优异。在最适合采用预制装配式建造技术的钢结构建筑和工程结构方面,钢结构还仅在高层和超高层建筑、大空间公共建筑与工业建筑中应用,在民用建筑方面尚未普及。

4. 装配式工业化建造建筑产业发展机制不尽合理

装配式工业化建造建筑体系研发需要巨大投入,导致企业望而生畏。一些企业在付出极大热情和经济投入后,不得不铩羽而归。少数企业全靠自己在市场上不断摸索,才找到适合自己发展的模式。发展装配式工业化建造建筑产业,不能仅仅是几家企业的事情,必须形成社会合力,才能加速发展。

5. 工程建设监管及其运行模式与装配式建造模式不适应

现行工程建设审批、监管、责任分配等监管及其运行模式不适合工业化建造发展的最终要求。

6. 相关标准和规范不完善

装配式工业化技术和国内现行的建筑技术标准、规范不兼容,使得设计、审批、验收无标准可依,即使装配式工业化技术的科研单位能够提供切实可行的实验数据证明相关项目可行,每一个项目还是需要通过专家论证,成为装配式建筑大规模推广的一个障碍;现有标准只盯"尾巴"不管"脑袋",比如,建筑节能减排强制标准无节地、节水、节材和环保等方面的标准;无完整的建筑产业化技术体系,单项技术间缺乏集成。

7. 产业政策和管理体制不健全

企业发展装配式建筑,面临着前期投入研发经费大、社会资源缺乏、缺乏规模效应、开发成本高的现状,在没有国家鼓励支持政策的情况下,企业缺乏发展装配式建筑的动力;现行的设计管理、招标投标管理、施工管理以及构件生产的管理等大部分环节适用于传统建造方式,缺乏针对预制生产技术的管理制度,严重制约了建筑工业化的发展。

8. 法规政策不健全

建筑产业化的相关法律没有得到及时跟进。比如,建筑构件生产商拥有专利并投入大量的人力、物力,但资质管理规定却限制其参与设计和工程施工,使这些企业陷入有技术却没有设计资质和施工总承包资质的尴尬境地。再比如,由于节能规范只要求节能65%,使节能83%的建筑板材没有市场。同时,缺乏全过程监管、考核和奖惩法规制度体系。现行财政、税收、信贷和收费政策引导不足。构件产销环节和新技术应用无税收减免,城市配套、电力增容、排污和垃圾处理的收费标准未与节能减排效益挂钩。

9. 产业链不完整

构件生产商不需要提供技术和安装服务,没有针对不同建筑主体进行设计调整和技术升级的要求,由于构件生产与住宅建造脱节、使用与工程技术脱节,难以保证建筑工程质量。

10. 建筑产业化成本过高

企业没有向产业化方向转型的动力。企业具有逐利的本性,企业追求的目标是经济效益最大化,选择走建筑产业化道路前,投入与产出比的反复衡量,会成为对企业和建筑产业化本身的双重考验。比如工业化方法建造的房屋主要用钢筋混凝土预制构件装配而成,与传统方法使用小块砌筑材料加砂浆不同。尽管预制构件的安装可以免除搭设脚手架,但前者的材料成本还是高于后者的,其中钢筋的费用可能就相当于深圳广泛应用的加气混凝土墙体。再比如装配式建筑使用的叠合楼板由底层和面层组成,总厚度大于现浇楼板,而且钢筋用量也随之增加,即使不用模板支撑,前者的费用也高于后者。

1.5 装配式建筑概念及分类

1.5.1 装配式建筑概念

装配式建筑是以标准化设计、工厂化生产的建筑构件,用现场装配的方式建成的住宅和公共建筑。建造装配式建筑是一个系统集成过程,即以工业化建造方式为基础,实现建筑结构系统、外围护系统、内装系统、设备管线系统一体化和策划、设计、生产和施工等一体化的过程。

装配式建筑的核心内容即四大系统(图1-5):建筑结构系统、建筑外围护系统、建筑设

微课:装配式
住宅的概念
及分类

备与管线系统、建筑内装系统。装配式建筑应采用模数与模数协调、模块与模块组合的标准化设计方法,实现四大系统的集成。

图 1-5 装配式建筑系统集成

装配式建筑系统集成主要有以下四个技术要点:①强调装配式建筑建造是系统化集成的特点;②解决建筑系统之间的协同问题;③解决建筑系统内部的协同问题;④突出体现建筑的整体性能和可持续性。

1.5.2 装配式建筑分类

装配式建筑在 20 世纪初就开始引起人们的兴趣,到 20 世纪 60 年代终于实现。英、法、苏联等国首先作了尝试,由于装配式建筑的建造速度快,而且生产成本较低,迅速在世界各地推广开来。根据建筑的使用功能、建筑高度、造价及施工等的不同,组成建筑结构构件的梁、柱、墙等可以选择不同的建筑材料及不同的材料组合,如钢筋混凝土、钢材、钢骨混凝土、型钢混凝土、木材等。装配式建筑根据主要受力构件和材料的不同可以分为装配式混凝土结构建筑、装配式钢结构建筑、装配式钢—混凝土组合结构建筑和装配式木结构建筑等。装配式建筑体系分类如图 1-6 所示。

装配式建筑采用装配率作为评价结构的重要指标,反映了预制装配等工业化建造技术的应用水平。单体建筑需满足下列全部条件时,才能被评定为装配式建筑。

(1)柱、支撑、承重墙、延性墙板等竖向承重构件主要采用混凝土材料时,预制部品部件的应用比例不低于 50%。

(2)柱、支撑、承重墙、延性墙板等竖向承重构件主要采用金属材料、木材及非水泥基复合材料时,竖向构件应全部采用预制部品部件。

(3)楼(屋)盖构件中预制部品部件的应用比例不应低于 70%。

(4)外围护墙采用非砌筑类墙体的应用比例不应低于 80%。

(5)内隔墙采用非砌筑类型墙体的应用比例不低于 50%。

(6)采用全装修。

根据国家现行标准,装配率是指单体建筑±0.000 标高以上的承重结构、围护墙体和分隔墙体、装修与设备管线等采用预制装配部品部件的综合比例。装配式建筑的装配率评价项评分计算(表 1-1)方式如下。

装配式建筑的装配率根据表 1-1 中评价项得分值,按式(1-1)计算:

$$Q = \frac{Q_1 + Q_2 + Q_3}{100 - q} \times 100\%$$ （1-1）

式中：Q——装配式建筑的装配率；

$\quad\quad Q_1$——承重构件指标实际得分值；

$\quad\quad Q_2$——非承重构件指标实际得分值；

$\quad\quad Q_3$——装修与设备管线指标实际得分值；

$\quad\quad q$——评价项目中缺少的评价项分值总和。

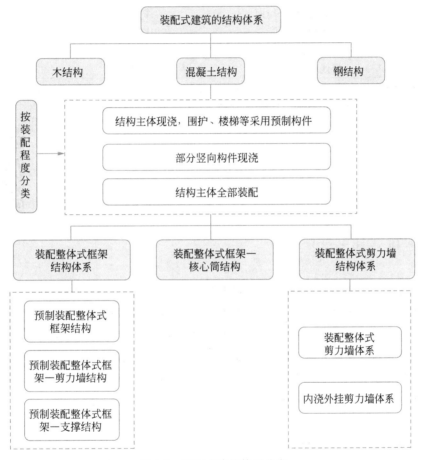

图 1-6 装配式建筑体系分类

表 1-1 装配式建筑的装配率评价项评分计算表

评 价 项			评价要求	评价分值	最低分值
承重结构构件（Q_1）（50分）	柱、支撑、承重墙、延性墙板等竖向承重构件	主要为混凝土材料★	50%≤比例<80%	30～39*	30
			比例≥80%	40	
		主要为金属材料、木材及非水泥基复合材料等★	全装配	40	40
	楼（屋）盖构件	梁、板、楼梯、阳台、空调板等★	70%≤比例<80%	5～9*	5
			比例≥80%	10	

续表

评 价 项		评价要求	评价分值	最低分值
非承重构件（Q_2）（20分）	外围护墙	非砌筑★	比例≥80％	5	5
		墙体与保温（隔热）、装饰一体化	50％≤比例＜80％	2～4*	—
			比例≥80％	5	
	内隔墙	非砌筑★	比例≥50％	5	5
		墙体与管线、装修一体化	50％≤比例＜80％	2～4*	—
			比例≥80％	5	
装修与设备管线（Q_3）（30分）		全装修★	—	5	5
		干式工法楼（屋）面	比例≥70％	6	—
		集成卫生间	比例≥70％	6	—
		集成厨房	比例≥70％	6	—
		管线与结构分离	比例≥70％	7	—

注：① 表中带"★"为单体建筑需满足的上述六条规定的内容，评价项目应满足选项最低分值要求。
　　② 表中带"＊"项的分值采用"内插法"计算，计算结果取小数点后一位。
　　③ 不同地区有独立的计算方法，详见各地方标准。

1.6 　装配式住宅设计特点及设计流程

微课：装配式住宅设计特点及协同设计过程

1.6.1 　装配式住宅设计特点

预制装配式建筑对房屋的建设模式和生产方式产生了深刻的影响，影响预制装配式建筑实施的因素有技术水平、生产工艺、管理水平、生产能力、运输条件、建设周期等方面。在预制装配式建筑的建设流程中，需要建设、设计、生产和施工等单位精心配合，协同工作。与采用现浇结构建筑的建设流程相比，预制装配式建筑的设计工作呈现下列五个方面的特征。

（1）流程精细化：预制装配式建筑的设计流程更全面、更综合、更精细，在传统设计流程的基础上，增加了前期技术策划和预制构件加工图设计两个阶段。

（2）设计模数化、标准化、集成化：模数化是建筑工业化的基础，通过建筑模数的控制可以实现建筑、构件、部品之间的统一，从模数化协调到模块化组合，进而使预制装配式建筑迈向标准化、集成化的设计，实现建筑、结构、设备、内装的设计一体化。

（3）配合一体化：在预制装配式建筑设计阶段，设计单位与各专业和构配件厂家应充分配合，做到主体结构、预制构件、设备管线、装修部品和施工组织的一体化协作，优化设计成果。

（4）成本精准化：预制装配式建筑的设计成果直接作为构配件生产加工的依据，并且在同样的装配率条件下，预制构件的不同拆分方案也会给投资带来较大的变化，因此设计的合理性直接影响项目的成本。

（5）技术信息化：BIM 是利用数字技术表达建筑项目几何、物理和功能信息，以支持项目全生命期决策、管理、建设、运营的技术和方法。建筑设计可采用 BIM 技术，提高预制构件设计完成度与精确度。

1.6.2　装配式住宅设计过程

在预制装配式建筑设计过程中,可将设计工作环节细分为五个阶段:技术策划阶段、方案设计阶段、初步设计阶段、施工图设计阶段以及构件加工图设计阶段。

1. 技术策划阶段

前期技术策划对预制装配式建筑项目的实施起到十分重要的作用,设计单位应在充分了解项目定位、建设规模、产业化目标、成本控制、外部条件等影响因素的情况下,制订合理的技术路线,提高预制构件的标准化程度,并与建设、施工单位共同确定技术实施方案,为后续的设计工作提供设计依据。技术策划阶段要点如图 1-7 所示。

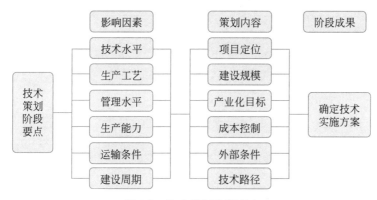

图 1-7　技术策划阶段要点

2. 方案设计阶段

建筑方案设计应根据技术策划要点,做好平面设计和立面设计。平面设计在满足使用功能的基础上,遵循"少规格、多组合"的设计原则,实现功能单元设计的标准化与系列化;立面设计宜考虑构件生产加工的可行性,根据装配式建筑的建筑特点,实现立面设计的个性化与多样化。

3. 初步设计阶段

应联合各专业的技术要点进行协同设计,结合规范确定建筑底部现浇加强区的层数,优化预制构件种类,充分考虑设备专业管线预留预埋,进行专项的经济性评估并分析影响成本的因素,制定合理的技术措施。

4. 施工图设计阶段

按照初步设计阶段制订的技术内容及措施进行设计。各专业根据预制构件、内装部品、设备设施等生产企业提供的设计参数,在施工图中充分考虑各专业预留预埋要求进行协同设计。建筑专业应考虑连接节点处的防水、防火、隔声等设计。

5. 构件加工图设计阶段

构件加工图可由设计单位与预制构件加工厂配合设计完成,构件深化可根据需要提供预制构件的尺寸控制图。除对预制构件中的门窗洞口、机电管线精确定位外,还要考虑生产运输和现场安装时的吊钩、临时固定设施安装孔的预留预埋。

学习笔记

第2章 装配式住宅建筑设计

2.1 装配式住宅建筑设计基本原则

装配式混凝土建筑设计必须符合国家政策、法律法规及地方标准的规定。在满足建筑使用功能和性能的前提下，采用模数化、标准化、集成化的设计方法，践行"少规格、多组合"的设计原则，将建筑的各种构配件、部品和构造连接技术实行模块化组合与标准化设计，建立合理、可靠、可行的建筑技术通用体系，实现建筑的装配化建造（图2-1）。

图 2-1　装配式混凝土建筑设计

在设计中应遵守模数协调的原则，做到建筑与部品模数协调、部品之间模数协调，以实现建筑与部品的模块化设计。各类模块在模数协调原则下做到一体化。一方面采用标准化设计，将建筑部品部件模块按功能属性组合成标准单元，部品部件之间采用标准化接口，形成多层级的功能模块组合系统。另一方面采用集成化设计，将主体结构系统、外围护系统、设备与管线系统和内装系统进行集约整合，可提高建筑功能品质、质量精度及效率效益，做到一次性建造完成，达到装配式建筑的设计要求。

2.1.1 模数化设计

装配式建筑标准化设计的基础是模数化设计，是以基本构成单元或功能空间为模块，采用基本模数、扩大模数、分模数的方法，实现建筑主体结构、建筑内装修以及部品部件等相互间的尺寸协调。模数化设计应符合现行国家标准《建筑模数协调标准》（GB/T 50002—2013）的规定。

利用模数协调原则整合开间、进深尺寸，通过对基本空间模块的组合形成多样化的建筑平面。建筑的平面设计宜采用水平扩大模数数列 $2n\mathrm{M}$、$3n\mathrm{M}$（n 为自然数，M 为建筑模数单位，$1\mathrm{M}=100\mathrm{mm}$），做到构件部品设计、生产和安装等环节的尺寸协调。

　　建筑层高、门窗洞口高度的确定涉及预制构件及部品的规格尺寸,应在立面设计中遵循模数协调的原则,确定合理的设计参数,宜采用竖向扩大模数数列 $n\mathrm{M}$,保证建设过程中满足部件生产与便于安装等要求。

　　建筑部件及连接节点采用模数协调的方法确定设计尺寸,使所有的部件部品成为一个整体,构造节点的模数协调,可以实现部件和连接节点的标准化,提高部件的通用性和互换性。梁、柱、墙等部件的截面尺寸宜采用竖向扩大模数数列 $n\mathrm{M}$;构造节点和分部件的接口尺寸等宜采用分模数数列 $\mathrm{M}/2$、$\mathrm{M}/5$、$\mathrm{M}/10$。

　　建筑设计的尺寸定位宜采用中心定位法和界面定位法相结合的方法,对于部件的水平定位宜采用中心定位法,部件的竖向定位和部品的定位宜采用界面定位法。

2.1.2　标准化设计

　　装配式混凝土建筑的标准化设计是采用模数化、模块化及系列化的设计方法,遵循"少规格、多组合"的原则,将建筑基本单元、连接构造、构配件、建筑部品及设备管线等尽可能满足重复率高、规格少、组合多的要求。建筑的基本单元模块通过标准化的接口,按照功能要求进行多样化组合,建立多层级的建筑组合模块,形成可复制、可推广的建筑单体。

　　在住宅建筑设计中,可以将厨房模块、卫浴模块、居室模块、阳台模块等基本单元模块组合成套型的单元模块,将套型单元模块、廊道模块、核心筒模块再组合成标准层模块,以此类推,最终形成可复制的模块化建筑。

　　各模块内部与外部组合的核心是标准化设计,只有模块接口的标准化,才能形成模块之间的协调与契合,达到建筑各模块组合的装配化。

2.1.3　集成化设计

　　装配式混凝土建筑的关键在于集成化,集成化不等于传统生产方式下的简单相加,也不是传统的设计、施工和管理模式下进行的装配化施工,真正意义上的装配式建筑只有将主体结构、围护结构和内装部品等前置集成为完整的体系,才能体现装配式建筑的整体优势,实现提高质量、减少人工、减少浪费、增加效益的目的。

　　装配式建筑在设计阶段前期应进行整体策划,以统筹规划设计、构件部品生产、施工建造和运营维护的全过程,考虑到各环节相应的客观条件和技术问题,在技术设计之前确定技术标准和方案选型。在技术设计阶段应进行建筑、结构、机电设备、室内装修一体化设计,充分将各专业的技术系统相协调,避免施工时顺序交叉出现的技术矛盾。技术设计阶段应考虑与后续预制构件、设备、部品的技术衔接,保证在施工环节的顺利对接,对于预制构件来说,其集成的技术越多,后续的施工环节越容易,这是预制构件发展的方向。

　　装配式建筑系统性集成包括建筑主体结构的系统与技术集成、围护结构的系统及技术集成、设备及管线的系统及技术集成,以及建筑内装修的系统及技术集成。建筑主体结构系统可以集成建筑结构技术、构件拆分与连接技术、施工与安装技术等,并将设备、内装专业所需要的前置预留条件均集成到建筑构件中;围护结构系统应将建筑外观与围护性能相结合,考虑外窗、遮阳、空调隔板等与预制外墙板的组合,可集成承重、保温和外装饰等技术;设备及管线系统可以应用管线系统的集约化技术与设备能效技术,保证系统的集成高效;建筑内装修系统应采用集成化的干法施工技术,可以采用结构体与装修体相分离的CSI(中国的支撑体住宅,China Skeleton Infill,CSI)住宅建筑体系,做到安装快捷、无损维修和优质环保。

装配式建筑集成技术应是装配式建筑发展的重点研究内容,是提高装配式建筑品质和效益的关键,而全专业、全过程的技术前置是集成化设计的核心。

2.2　装配式住宅结构体系

2.2.1　装配式混凝土结构体系

预制装配式混凝土结构(Precast Concrete,PC),其工艺是以预制混凝土构件为主,经装配、连接,结合部分现浇而形成的混凝土结构。通俗来讲就是按照统一标准的建筑部品规格制作房屋单元或构件,然后运至工地现场装配就位而生产的建筑。《装配式混凝土结构技术规程》(JGJ 1—2014)对装配式混凝土结构的定义为:由预制混凝土构件通过可靠的连接方式装配而成的混凝土结构,包括装配整体式混凝土结构、全装配式混凝土结构等。这个定义给出了装配式混凝土结构的两个基本特征:预制混凝土构件和可靠的连接方式。

装配整体式混凝土结构的定义为:由预制混凝土构件通过可靠的方式进行连接并与现场后浇混凝土、水泥基灌浆料形成整体的装配式混凝土结构。简而言之,装配整体式混凝土结构的连接以"湿连接"为主要方式(图 2-2)。装配整体式混凝土结构具有较好的整体性和抗震性。目前全部高层和大多数多层装配式混凝土结构建筑采用装配整体式混凝土结构,有抗震要求的低层装配式建筑也多是装配整体式混凝土结构。

全装配式混凝土结构是由预制混凝土构件采用"干连接"(如螺栓连接、焊接等,图 2-3)方式形成整体的结构形式。通常一些预制钢筋混凝土单层厂房、低层建筑或非抗震地区的多层建筑采用该种结构形式。

图 2-2　湿连接　　　　　　　　　　　　　　图 2-3　干连接

　　一般而言,任何形式的钢筋混凝土现浇结构体系建筑,如框架结构、框架—剪力墙结构、剪力墙结构、部分框支剪力墙结构、无梁板结构等都可以实现装配式。但因为抗震等因素,目前国内尚没有实现所有结构构件预制的装配式建筑。装配式建筑结构体系主要包括装配整体式混凝土框架结构、装配剪力墙结构体系、装配整体式框架—现浇剪力墙结构、装配整体式部分框支剪力墙结构。

　　1. 装配整体式混凝土框架结构

　　装配整体式混凝土框架结构是全部或部分框架梁、柱采用预制构件建成的装配整体式混凝土结构,简称装配整体式混凝土框架结构(图 2-4)。这种结构传力路径明确,装配效率高,现浇湿作业少,是最适合进行预制装配化的结构形式。装配式混凝土框架结构由多个预制部分组成,包括预制梁、预制柱、预制楼梯、预制楼板、外挂墙板等。这种结构形式有一定的适用范围,在需要开敞大空间的建筑中比较常见,如仓库、厂房、停车场、商场、教学楼、办公楼、商务楼、医务楼等,最近几年也开始在民用建筑中使用,如居民住宅等。

图 2-4　装配整体式混凝土框架结构

　　根据梁柱节点的连接方式不同,装配式混凝土框架结构可划分为等同现浇结构与不等同现浇结构。其中,等同现浇结构是节点刚性连接,不等同现浇结构是节点柔性连接。在结构性能和设计方法方面,等同现浇结构和现浇结构基本一样,区别在于前者的节点连接更加复杂,后者则快速简单。但是相比之下,不等同现浇结构的耗能机制、整体性能和设计方法具有不确定性,需要适当考虑节点的性能。

　　2. 装配剪力墙结构体系

　　按照主要受力构件的预制及连接方式,装配式剪力墙结构可分为装配整体式剪力墙结构、预制叠合剪力墙结构和多层剪力墙结构等。

　　(1)装配整体式剪力墙结构。装配整体式剪力墙结构中,全部或者部分剪力墙(一般多为外墙)采用预制构件,构件之间拼缝采用湿式连接,结构性能和现浇结构基本一致,主要按照现浇结构的设计方法进行设计(图 2-5)。该结构一般采用预制叠合楼板、预制楼梯,各层楼面和屋面设置水平现浇带或者圈梁。预制墙中的竖向接缝对剪力墙的刚度有一定的影响,因此,为安全起见,结构整体适用高度有所降低。

图 2-5　装配整体式剪力墙结构

（2）预制叠合剪力墙结构。预制叠合剪力墙是指采用部分预制、部分现浇工艺生产的钢筋混凝土剪力墙。在工厂制作、养护成型的部分称作预制剪力墙墙板（图 2-6）。预制剪力墙外墙板外侧饰面可根据需要在工厂一体化生产制作。预制剪力墙墙板运送至施工现场，吊装就位后与叠合层整体现浇，此时预制剪力墙墙板可兼做剪力墙的外侧模板使用。施工完成后，预制部分与现浇部分共同参与结构的受力。采用这种形式的剪力墙结构，称作预制叠合剪力墙结构。预制叠合剪力墙结构是典型的引进技术，尚在进一步改良和研发中。目前，预制叠合剪力墙结构主要应用于多层建筑或者低烈度区的高层建筑。

图 2-6　预制叠合剪力墙墙板

（3）多层剪力墙结构。多层装配式剪力墙结构适用于 6 层及以下的丙类建筑，3 层及以下的建筑甚至可以采用多样化的全装配式剪力墙结构技术体系。多层剪力墙结构体系目前应用较少，但基于其高效简便的特点，在新型城镇化的推进过程中具有很好的应用前景。

3. 装配整体式框架—现浇剪力墙结构

为充分发挥框架结构平面布置灵活和剪力墙抗侧刚度大的特点，可采用框架和剪力墙共同工作的结构体系，称为框架—剪力墙结构。将框架部分的某些构件在工厂预制，如柱、梁等，然后在现场进行装配，将框架结构叠合部分与剪力墙在现场浇筑完成，从而形成共同承担水平荷载和竖向荷载的整体结构,这种结构形式称为装配整体式框架—现浇剪力墙结构(图 2-7)。这种结构形式中的框架部分采用与预制装配整体式框架结构相同的预制装配技术,使预制装配技术能够在高层建筑中得以应用。由于对各种结构形式的整体受力研究不够充分,目前装配整体式框架—现浇剪力墙结构中的剪力墙基本都采用现浇而非预制形式。

图 2-7　装配整体式框架—现浇剪力墙结构

4. 装配整体式部分框支剪力墙结构

剪力墙结构的平面布局具有局限性,为功能需要,有时需将结构下部的几层墙体做成框架,形成框支剪力墙结构,框支层空间加大,扩大了使用功能。将底部一层或者多层做成部分框支剪力墙的结构形式称为部分框支剪力墙结构。转换层以上的全部或部分剪力墙采用预制墙板,称为装配整体式部分框支剪力墙结构。该结构可用于底部带有商业使用功能的多(高)层公寓、旅店等。

5. 常用预制构件

预制混凝土构件(Precast Concrete Component)是指在工厂或现场预先制作混凝土构件,简称预制构件。常用的预制构件有预制梁、预制柱、叠合梁、叠合楼板、预制剪力墙、预制外挂墙、预制叠合剪力墙、叠合阳台、预制楼梯、预制空调板等。不同结构体系的常用预制构件如表 2-1 所示。

表 2-1　装配整体式结构的主要预制构件

结 构 体 系	主 要 预 制 构 件
装配整体式框架结构	预制柱、叠合梁、叠合楼板、预制外挂墙板、叠合阳台、预制楼梯、预制空调板等
装配整体式剪力墙结构	预制剪力墙、预制外挂墙、叠合梁、叠合阳台、预制楼梯、预制空调板等
预制叠合剪力墙结构	预制叠合剪力墙、预制外挂墙板、叠合梁、叠合楼板、叠合阳台、预制楼梯、预制空调板等
装配整体式框架—现浇剪力墙结构	叠合梁、预制柱、叠合楼板、预制外挂墙板、叠合阳台、预制楼梯、预制空调板等

2.2.2 装配式木结构体系

1. 装配式木结构主要特征

木结构建筑是我国几千年古建筑发展史上最重要的建筑结构,它以木结构梁柱为承重骨架,柱与梁之间多为榫卯结合,以砖石为体、结瓦为盖、油饰彩绘为衣,经能工巧匠精心设计、巧妙施工而成,集历史性、艺术性和科学性于一身,具有极高的文物价值和观赏价值。木结构建筑发展至今,已从传统重木结构建筑进入现代木结构建筑的新发展阶段。现代木结构中,因其可工业化的建造模式,提出了预制装配式木结构建筑的说法。在我国,自古以来便长期使用的穿斗式木建筑中,早已体现了前人的装配式建造思想,并在大量古建筑中得以实现。

在钢材、混凝土、木材、石材四大常用建筑结构材料中,木材是唯一一种具有可再生特点的自然资源。我国正在大力推进生态文明建设,木材作为一种可再生资源,制成工程木材后可高效利用。应用于建筑领域的工程木材主要包括层板胶合木(Glulam)、平行木片胶合木(Parallel Strand Lumber,PSL)、单板层积胶合木(Laminated Veneer Lumber,LVL)、层叠木片胶合木(Laminated Strand Lumber,LSL)、正交胶合木(Cross Laminated Timber,CLT)。这些工程木材可填补新型建筑材料、节能环保型材料的空缺,对节能减排和对建设行业的可持续发展有重要意义。木结构建筑是生态建筑的重要代表,为节能减排、绿色环保,减轻建筑在建造、使用、拆除的全生命周期内对环境资源的压力,实现材料的循环利用和可持续发展,推广应用木结构已逐渐成为全社会的共识。

装配式木结构是指在各种建筑中在工厂生产和加工的木结构建筑物的部分或全部建筑构件组件,具有建筑标准化和材料量化的技术特征,然后将材料转移到施工现场,并采用特定的组件安装施工机械将各种构件组装在一起,并发展成为具有一定使用功能的木结构建筑的构造和使用方法。装配式木结构建筑体系相比传统建筑结构体系,具有以下优势。

(1) 环境性能。①碳排放最少。三种类型的建筑材料(木材、钢材和建筑水泥)的总体碳排放系数非常低。可以看出,与其他钢材、建筑水泥等材料相比,木材生产过程中的碳排放量最少,不影响当地的生态环境。由于钢材和建筑水泥在生产过程中会释放温室气体,而装配式木结构几乎不会释放温室气体,因此为我国的全球变暖防治工作做出了巨大的贡献。②环境资源污染最小。在施工过程中,钢筋混凝土结构建筑物产生的各种类型的建筑环境废物的总量远多于木结构建筑物,并且更难以及时处理,对生态环境造成严重污染。在拆除过程中,木结构建筑物整体拆除后使用的木材易于处理,可循环使用,无须填埋,也不会占用大量耕地。

(2) 节能保温性能好。由于木结构墙体的导热系数小,可以大大减少保温和隔热所需的额外建筑能耗。因此,木结构建筑墙体的节能、环保、隔热性能良好。

(3) 安全性能好。由于木质结构的局部质量较小,因此在地震期间可以吸收的整体局部地震力也相对较小。建筑墙体的木质结构具有很大的承载韧性,并且具有强大的整体移动性,并能抵抗瞬时压力、重负荷和各种高周期性疲劳压力负荷的破坏,可以迅速吸收并有效地散发外部压力能量。

（4）可持续性好。木质材料是可以回收的建筑材料，并且具有可重复使用的重要特征。只要通过科学的管理和合理的采伐控制，就有可能将各种树木的自然生长周期作为常规周期来连续生产高质量、持久和可重复使用的建筑材料。

（5）灵活的设计和方便的转换。灵活的木结构设计可以有效突破传统木材本身的各种尺寸和结构限制，实现各种形式的结构设计。在主体施工过程中，可以随时随地调整和改变主体的空间布局，比传统的钢筋混凝土主体结构更容易重建和扩展。

（6）组装结构。在工厂装配并成型大量木结构建筑物的结构部件，然后在现场进行组装。结构零件和主连接器的建造、生产和安装可以随时进行。可以在任何气候条件下平稳运行，并且建筑生产周期通常只需要相同厚度的钢筋混凝土建筑的 $1/3\sim1/2$。它减少了施工所需的大量劳动力，减轻了人工操作的强度，节省了人工成本，并提高了施工过程的质量。现代木结构工程建筑采用可以同时进行的大型框架结构施工，提高了木结构工程建筑的现代工业建筑水平，促进了现代装配式木结构工程建筑业的发展。

2. 装配式木结构在国内外应用概况

在北美，装配式建筑正势不可挡地席卷着整个建筑行业。它之所以能够成为广受欢迎的建造方式是有原因的。许多因素催生了装配式建筑的兴起，包括日益减少的工人，不断增加的人力成本，越来越多的工人不愿意在户外严苛的环境工作等。而装配式木结构建筑恰恰直击这些痛点，为工人提供了一个环境可控的工作环境。同时堆放在厂房内的木料不会因为周遭环境湿度的变化而影响其含水率。稳定的含水率对于木材的稳定性至关重要。

在北美，住宅建设衍生出集设计、制作、安装、装修、整体厨卫为一体的集成住宅产业，工厂标准化生产，工地现场安装。北美轻型木结构住宅是一种将小尺寸木构件按不大于 600mm 的中心间距密置而成的结构形式（图 2-8），占北美住宅的 85% 以上，无论是在东部还是西部，均可见到大量的木结构住宅。

图 2-8　北美轻型木结构住宅

此外，木结构建筑也在欧洲使用广泛，尤其是瑞典、芬兰等北欧国家，瑞典 96% 的独户住宅均为木结构建筑，其中 86% 为装配式木结构建筑。欧洲装配式木结构建筑根据组件的预制装配化程度通常可分为梁柱组件结构、板式组件结构、空间组件结构及以上三种组合而成的结构等。

（1）梁柱组件结构。梁柱组件结构由梁柱和楼盖组成结构框架，该体系空间布置灵活，用户可根据需求自由布置，但装配化程度较低，适用于对空间布置灵活度较高的办公或商业等公共建筑。建造时先安装好承重梁柱框架，然后安装楼盖屋盖，最后安装非承重构件和装饰层等。该体系抗侧刚度较板式结构体系较小，因此部分框架间需要设置支撑。

梁柱组件结构中可根据建筑的功能需求采用轻质木隔墙将空间分隔，轻质木隔墙和天花板与楼盖板的连接构造需根据建筑的特点采取以下连接方式：①轻质木隔墙与楼盖直接连接，然后安装天花板，此种方式安装效率较低，但隔声效果较好；②先安装天花板，然后将隔墙与天花板连接，安装效率高，且容易改变空间布局，但由于各个房间天花板上面是相通的，隔声效果较差（图 2-9）。

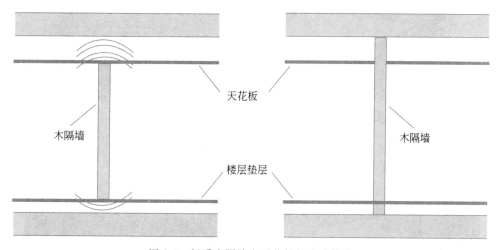

图 2-9　轻质木隔墙和天花板的连接构造

（2）板式组件结构。板式组件结构是指竖向承重结构由预制板式单元组成的结构，预制板式单元可为轻型木结构墙体（楼盖），也可采用正交胶合木（CLT）墙体（楼盖）。构件运输较灵活，且相对于梁柱结构体系，预制化程度更高，目前该体系在住宅方面的占有比例最大。通常板式组件结构其强度方面有较大的富余，主要应注意结构隔声、隔振等方面的舒适性要求。板式单元的连接可采用自攻螺钉或角钢等连接方式进行连接。板式木结构建筑体系主要有以下三种。

① SIP 体系。SIP 即 Structural Insulated Panel，结构保温板。木构 SIP 是在硬质泡沫保温板的两面粘贴木板，通过两种板材的复合受力形成板状建材，可作为墙板和楼地板的基层板（图 2-10）。在 20 世纪 90 年代的 SIP 体系中，先进的计算机辅助制造（Computer Aided Manufacturing，CAM）技术得到了发展。使用这些系统，可以将计算机化的建筑图纸——CAD（Computer Aided Design，CAD）图纸转换为必要的代码，以使自动

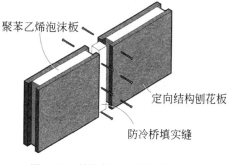

图 2-10　结构保温板（SIP）体系

切割机能够为专门设计的建筑物制造 SIP。从 CAD 到 CAM 的技术简化了 SIP 的制造流程,进一步为建造商节省了劳动力。

② CLT 体系。装配式 CLT 板式单元适用于多(高)层木结构建筑,CLT 板式结构属于重型木结构,其强度和刚度均较大,当跨度较小时,可用于无梁楼板。这是一种工程木材,将规格化的木板正交交错层叠胶合在一起而形成实木板状建材,提升了木材的强度和均匀性(图 2-11)。CLT 板可以直接作为承重墙板,也可以作为楼板。CLT 体系的小木屋一般没有受力逻辑清晰的框架,其主要优势在于墙板、楼板、屋顶板全是实体的木板,使构造大大简化(图 2-12)。

图 2-11　正交胶合木(CLT)体系

图 2-12　正交胶合木(CLT)体系

③ 龙骨板体系。宽泛地说这也是一种 SIP 体系,但从结构体系上看更接近于轻木框

架,因此单列出来。预制的墙板或楼板内部布置着木龙骨,龙骨外侧木板蒙皮,龙骨之间填充保温材料(图 2-13)。由于有龙骨,所以可以采用软质保温材料。相比于 SIP 体系和 CLT 体系,由于这种龙骨板体系可以从板式的形式中提取出明确的受力框架来加以验算,所以其结构逻辑上更清晰一些。

图 2-13　龙骨板体系

　　龙骨板体系是一个十分特殊的存在,由于预制的墙板构件内可以隐藏梁和柱,它能够揭示两点:第一,板式建筑体系≠墙承重体系;第二,板式建筑体系≠无梁无柱。纯粹板式建筑体系的建筑是存在的,但纯板式建筑体系很罕见,更多情况下是某种混合,比如 SIP 墙板＋木排梁,胶合木梁柱＋CLT 楼板,龙骨板墙体＋钢木复合桁架等。

　　(3) 空间组件结构。该结构的装配化程度最高,设备及内外装饰均在工厂完成,整个组件可放置于大的梁柱体系内或多个组件根据需求自由组合,可作为住宅的功能单元。空间组件结构的承重构件是基于轻型木结构板式单元组合而成,因此其力学性能与轻型木结构一致。空间组件结构虽然装配化程度高,但是其尺寸受限于运输和安装等(图 2-14)。

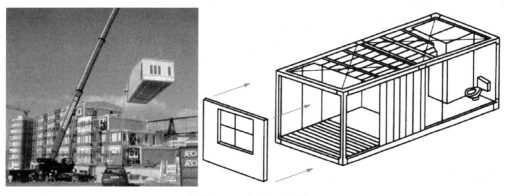

图 2-14　空间组件结构

　　由于装配式木结构设计不规范、上下游产业链不健全,新建木质结构在我国的市场占有率很低,装配式木结构的实践与发展受到限制,但未来装配式木结构建筑的发展大有可为。

2.2.3 装配式钢结构体系

1. 国内外钢结构住宅发展状况

钢结构住宅是指以钢材为主要承重构件,以新型轻质墙体材料为围护与分隔构件的住宅建筑形式。发达国家都非常重视发展钢结构技术,以建造超高层的钢结构摩天大楼、造型美观的大跨度公共建筑和钢结构工业厂房来显示其经济实力和现代化建筑技术水平。所以说钢结构建筑发展水平往往是衡量一个国家或地区经济发展水平的重要标志之一。现代轻钢结构房屋建筑体系诞生于 20 世纪初,在第二次世界大战期间得到快速发展,当时多用于对施工速度要求较高的战地机库、军营等。20 世纪 40 年代后期出现了门式钢架结构;20 世纪 60 年代开始大量应用由彩色压型板及冷弯薄壁型钢檩条组成的轻质围护体系;目前轻钢结构已成为发达国家的主要建筑结构形式。近两年来,世界钢铁产量的增加和国际军需用钢量的下降,促使各国拓展钢结构使用范围,各国建筑用钢量在钢材总耗用中的比例明显提高,一般在 30%左右,日本在 50%左右,美国、瑞典、日本等国家钢结构建筑用钢量已占钢材产量的 30%以上,钢结构建筑面积占总建筑面积的 40%以上。

国外采用钢结构建造住宅的主要是钢铁生产大国和钢结构建筑比较发达的国家和地区,如欧洲、北美和日本以及澳大利亚,其中在北美、日本和澳大利亚 1~3 层的低层住宅是住宅的主流形式,因此钢结构住宅多为低层;在欧洲许多国家钢结构多层和高层住宅建造量较大,工业化生产和预制装配程度也较高。我国的土地和资源方面与欧洲情况相近,因此应该较多借鉴和研究欧洲国家的经验。20 世纪 50 年代,欧洲受第二次世界大战的严重影响,对住宅需求非常大,为解决房荒问题,欧洲一些国家采用了工业化程度较高的钢结构建筑体系,建造了大量住宅,形成了一批完整的、标准的钢结构住宅体系,并延续至今。20世纪 60 年代,住宅建筑工业化的高潮遍及欧洲各国,并发展到美国、加拿大、日本等经济发达国家。近年来,随着钢结构建筑技术的不断提高与发展,社会对住宅的需求经历了一个"由注重数量,到数量与质量并重,再到质量第一,进而强调个性化、多样化、高环境质量"的发展历程。许多西方国家的住宅工业化生产又出现了新的高潮。在钢结构住宅体系上,国外已开发了钢结构工业化生产体系,并不断提升住宅产品的性能指标。目前,国外的钢结构住宅工业化生产方面的研究已进入对住宅体系灵活性、多变性的研究,以扩大适应面和产生规模效应。如日本的三泽住宅以"百年住宅"概念,达到年销售量近万套。值得注意的是,住宅产业化的实现体现出这样的基本原则,即以模数化构建标准化,以标准化推动工业化,以工业化促进产业化。从 20 世纪 90 年代开始国外已形成了从设计、制作到供应的成套技术及有效的供应链管理,其中轻钢结构因其自重轻、强度高、空间利用率高等优点,发展成为单元式建筑的主干,大量用于住宅修建中。

钢结构建筑在我国的发展大体经历了初盛期、低潮期、发展期三个阶段。如果说我国钢结构的最初发展是受国外投资的影响,那么现在和今后钢结构的发展,就带有一定的必然性。它是我国社会经济发展与钢结构建筑技术提升的必然产物。近年来,随着我国冶金企业不断调整产业结构,钢材的品种、规格日渐增多,建筑配套产品日益齐全,为钢结构住宅发展奠定了物质基础。我国政府也高度重视钢结构建筑的发展,并明确提出了积极发展钢结构的方针。在这些有力措施的推动下,目前我国钢结构住宅的开发应用已呈现出更为广泛与深入的发展趋势,全国各地也相继成功建成了一批钢结构住宅试点工程,如上海中启集团建设的上海中福城项目,上海现代集团在新疆库尔勒建造的8层钢结构住宅,长沙远大的集成住宅等。

2. 钢结构住宅的特点与前景

建筑建材采用钢板、热轧型钢或冷加工成型的薄壁型钢制成,钢材本身具有强度高、质量轻、塑性和韧性好、制造简单等特点,这使得钢结构与其他结构相比,在使用功能、设计、施工以及综合经济方面都具有优势。在住宅建筑中应用钢结构的优势主要体现在以下几个方面:①和传统结构相比,可以更好地满足建筑上大开间、灵活分割的要求;增加使用面积5%～8%。②与钢结构配套的轻质墙板、复合楼板等新型材料,符合建筑节能和环保的要求,可以实现节能50%的目标,极大地节约了能源。③钢结构及配套相应部件的绝大部分易于定型化、标准化,可采用工业化生产方式,实现构件的工厂预制和现场装配化施工,可以实现住宅建筑技术集成化和产业化,提高住宅的科技含量。④钢结构住宅体系工业化生产程度高,现场湿作业少,而且钢材本身可再生利用,符合环保建筑的要求。⑤钢结构体系轻质高强,可减轻建筑结构自重的30%,大大降低基础造价。⑥钢结构体系施工周期短,可以大大提高资金的投资效益。⑦钢结构住宅体系直接造价略高,但综合效益却明显高于传统的住宅体系。此外,由于钢结构通用体系具有充分的灵活性、可改性和安全性,有利于保证现代居住生活的需要,适应现代住宅市场的需求。⑧开发该体系对于消化钢材和水泥,带动建筑、冶金、建材、化工等一大批跨部门、跨行业企业的发展,也有着重要意义(图2-15)。

图2-15　钢结构住宅

当然,钢结构住宅在拥有诸多优点的同时也存在若干问题,如钢结构应用于住宅,由于其断面较小,刚度降低,会带来不稳定感且对楼板和支撑的要求比较高;另外,钢结构建筑的房型和造型等不能随意发挥,从而会造成建筑呆板和缺乏变化;此外,钢结构住宅对建造技术要求高,涉及的材料部件种类特别多,对防火防锈要求也十分严格。

钢结构住宅体系的钢结构构件是在工厂加工生产，施工现场完成连接组装的。这一过程符合住宅产业化的要求，但是对现场钢结构节点安装的要求很高。目前连接方式可分为铆接连接、高强度螺栓连接、螺栓连接等。钢结构住宅围护体系包括钢结构住宅的内外墙、楼盖、外门窗等，是我国住宅产业化钢结构住宅体系研发的重点与难点。按照产业化要求，钢结构体系墙体材料宜选用装配式墙板板材，墙板材料除应满足各项技术要求外，还应做到原料因地制宜、工厂化生产、运输安装方便。

3. 多（高）层钢结构住宅建筑设计

钢结构住宅建筑设计的基本原则主要有以下几点：①钢结构住宅应充分发挥钢结构强度高、刚度大的特点，采用大开间、大空间、净空高、单元内无柱形式，以满足用户任意灵活分隔的要求；②钢结构住宅设计必须执行国家的方针政策和法律法规，遵循安全卫生、保护环境、节约能源与资源等有关规定；③钢结构住宅设计应符合城市规划和居住区规划的要求，使建筑与周围环境相协调，创造方便、舒适、优美的生活空间；④钢结构住宅设计应积极采用新技术、新材料、新产品，促进住宅产业现代化；⑤钢结构住宅设计应在满足近期使用要求的同时兼顾今后改造的可能；⑥钢结构住宅设计应以人为本，除满足一般居住要求外，根据需要还应满足老年人、残疾人的特殊使用要求；⑦钢结构住宅室内外装修设计，应采用经过国家和地方有关机构认证的新型节能环保型装饰材料及其他用具，严禁采用有害人体健康的假冒伪劣材料；⑧钢结构住宅装修可根据不同标准，采用菜单式设计，宜统一实施，一次装修到位；⑨钢结构住宅的厨房、卫生间一次装修到位，采用防水、防滑和易于清洗的材料。

在以上基本原则前提下，钢结构住宅平面设计还应注意以下几点：①钢结构住宅宜采用条式楼、点式楼或其他形式，充分考虑钢结构构件生产的工业化、规格化、标准化，便于施工。②钢结构住宅每个单元宜设计 2~3 套住宅，不应超过 4 套住宅。③户型以一厅二室、二厅二室和一厅三室、二厅三室为基本户型。④每套居室要保证有门厅、起居厅（客厅）、餐厅（就餐部位）、厨房、卧室、卫生间、储藏间等七个功能空间，以确保合理的居住功能。⑤主要房间的面宽开间尺寸为主卧室≥3.6m，次卧室≥3.3m，起居厅（客厅）≥3.9m。⑥户内平面布置要做到公共活动空间与私密性空间分区、食寝分离、洁污分离。户内公用卫生间应包括坐便器、洗面盆、淋浴（或浴盆）、热水器，并有洗衣机位置，主卧室专用卫生间应包括坐便器、洗面盆、带淋浴的浴盆。厨房应按标准化和定型设备考虑灶、池、台、柜的布置。合理布置通风烟道、排气罩、热水器等的位置。⑦建筑开间、进深的尺寸可采用 3 模或 2 模，即按 300mm 或 200mm 进位。开间方面柱网宜采用 6.9m、7.2m、7.5m 等跨度，也可采用 4.2m、4.8m、5.1m、5.4m 等跨度，进深方向可采用 2 跨或 3 跨，跨度宜为 4.8~5.7m，楼、电梯间宜采用 2.4m 开间。⑧住宅层高宜≤2.8m，楼板下皮（吊顶下皮）净高≥2.6m，主梁下皮净高≥2.4m。

住宅立面设计的注意事项有以下几点：①住宅楼栋立面设计应综合考虑规划、经济、美观、材料施工工艺、城市文脉、空间环境等因素；②住宅楼栋立面在满足使用功能的前提下，将屋顶、墙身、基座等部位整体有机组合，以充分体现钢结构挺拔秀美的固有特征；③住宅楼栋立面窗户应满足房间采光和日照要求，充分发挥钢结构的特色，采用圆窗、平窗、凸窗，并有机地排列组合，形成一定的韵律感和节奏感（图 2-16）。

图 2-16　钢结构住宅立面

4. 低层轻钢龙骨结构别墅住宅

轻钢龙骨结构在欧美等发达国家发展了几十年,技术成熟,是在低层钢结构住宅建筑领域中占主导地位的结构体系。世界各地的低层轻钢龙骨结构别墅基本都是从美国引进技术后发展起来的,其所用的轻钢龙骨结构是从木结构演变而来。采用轻钢龙骨结构的低层别墅建筑能充分地体现钢铁材料强度高、重量轻、易加工组合、变化多的特点,并具有以下的优良特性:①重量轻。轻钢龙骨结构构件的截面面积在所有钢结构建筑类型中最小,在满足相同承载能力的前提下,它的重量也最轻,轻钢龙骨建筑的整体重量约为混凝土结构建筑的 1/3。②抗震性能好。抗水平荷载和垂直荷载的能力都有很大提高,抗风性能与抗震性能优于其他结构。③寿命长。低层轻钢龙骨结构构件不会腐蚀霉变、不怕虫蛀,建筑物的使用寿命可达 70 年以上。④使用面积大。低层轻钢龙骨结构建筑的围护墙厚度为 15～20cm,内隔墙厚度为 12cm,建筑使用面积可比混凝土结构建筑面积增加 15%。⑤开间灵活。低层轻钢龙骨结构别墅通常采用带支撑的框架结构形式,最大跨度可做到 8m,可以由业主随心所欲地对建筑平面进行分割和布局,形成大开间、高净空的理想空间形式。⑥建筑周期短。低层轻钢龙骨结构建筑的主要构件可以在工厂生产或预制,一栋 300m^2 的别墅建筑周期为 2～3 个月。⑦舒适度高。轻钢龙骨住宅的大开间、高净空格局给人大视野的感受,没有深居室内的压抑感;低层轻钢龙骨结构易于构造复合围护墙体,使室内冬暖夏凉。钢结构别墅本身的结构特点决定了它最适于建造舒适度高的住宅。⑧绿色环保。低层轻钢龙骨结构住宅是产业化生产,因此传统上的"建造"概念在钢结构别墅的工程中实际只是"装配"的过程,工地没有建筑垃圾,不破坏绿地,体现了人类与自然完美的结合。

低层轻钢龙骨结构别墅建筑的设计原则有以下几点:①大开间原则。充分利用低层轻钢龙骨结构自重轻的特点,尽量采用大开间、高净空、视觉通透的设计。对于别墅建筑,要尽量减少隔墙,尤其是一层空间内尽量不用隔断墙。②按功能划分区间的平面分割原则。别墅通常被设计成独立式住宅,其平面布局特点是以住宅功能划分区间,区间分布紧凑通畅,一般按使用功能分隔为会客、生活、车库设备、通道、卧室五大基本功能区间。③高舒适度原则。通过合理的平面分割设计,采用节能、通风、保温、智能化等新技术、新材料、新设备来提高住宅的舒适度。④以人为本的原则。区域划分与装饰工程都要体现主人的个性,根据主人的生活起居特点及需要来设计使用功能,家具设施尽量按照人体功能设计。⑤标准化、产业化的原则。标准化与产业化是住宅企业追求的目标。产业化有利于降低制造成本,有利于保证产品质量。

　　低层轻钢龙骨结构别墅住宅一般以两层为主。一层与二层有不同的功能区域划分,一层包括会客、生活、车库设备、通道等共用区域,二层为卧室等私密区域。低层轻钢龙骨结构别墅住宅常以美式别墅住宅为蓝本,其一层的会客厅与生活区间的家庭起居室、厨房、餐厅一般都是敞开式的,没有隔断墙分割。会客厅往往安排在入户门的一侧,家庭起居室安排在最内处,并利用通道、洗手间或楼梯将它们分开,既不封闭又保证了私密性。大餐厅为正餐使用,会客时则与客人共用。为了方便,早餐一般在与厨房组合于一起的专用早餐室内进行。一层入户门处设有玄关,客人更衣橱位于玄关的一侧。一般楼梯起步不直对入户门,即使安排不开也起码要错开一定距离。此外一层通常还设有办公室、书房、阳光室、洗衣间、佣人房等。设备一般都安置在车库内,车库有门与室内相通。二层卧室沿周边外墙布置,卧室与卧室之间都是以洗手间或衣帽间、壁橱隔开,不必考虑隔声问题,十分经济。主卧室男女主人的衣帽间多数设计成分开的两间。主卫生间大约 20m²,分设有浴缸和沐浴间,卫生间主地面铺地毯,只有沐浴间才铺设地砖。别墅住宅还可以设计地下室,功能上可以安排健身房、家庭影院、车库等。图 2-17 是轻钢龙骨结构别墅 M9838 户型的平面图。

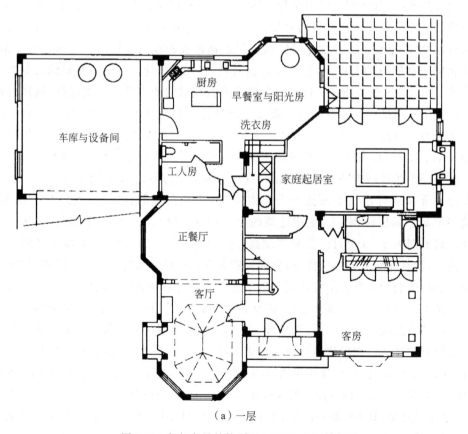

（a）一层

图 2-17　轻钢龙骨结构别墅 M9838 户型平面图

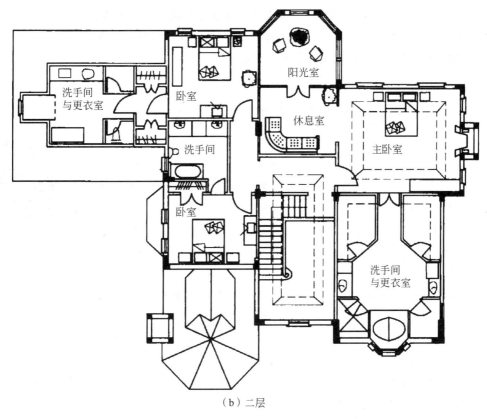

（b）二层

图 2-17(续)

　　别墅住宅的立面设计十分重要，设计师的艺术特质、业主的个性追求以及不同地域的建筑风格往往都要通过立面设计表现出来。门廊、露台、花槽、雨篷是别墅建筑经常采用的建筑元素，而多个四面坡组合的屋面系统，更是别墅建筑独有的艺术表达方式。轻钢龙骨结构构件具有方便灵活的组合工艺性，易于构建复杂的三维几何造型，加之其力学特性好、重量轻等特点，为设计和建造各种复杂屋面创造了条件。建筑师借助轻钢龙骨结构构件可以随心所欲地发挥想象力并加以实现。图 2-18 是 M9838 别墅户型的正立面设计图与屋顶平面图。

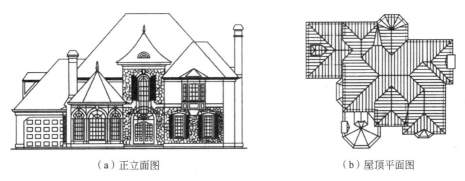

（a）正立面图　　　　　　　　　　（b）屋顶平面图

图 2-18　M9838 别墅户型正立面图与屋顶平面图

　　另外,别墅住宅的功能比较齐全,因此设备与电气系统的管路也就比较多,低层轻钢龙骨结构可为这些管线系统提供在结构内部布置与安装的空间,使得全部管线系统都不必外露,既美化了室内环境,又让管线的安装变得更容易。

2.3　装配式住宅建筑设计方法

微课:装配式住宅建筑体系的设计方法

　　建筑工业化把分散的、零星的手工业生产方式转变为集中的、成批的、持续的机械化生产方式,它不只是施工方法的革新,而且是整个建筑业的一次深刻变革。它要求建筑的设计、制作、施工、管理及科学研究等方面都逐步向综合性和现代化的方向发展。因此,建筑设计工作者必须把设计与建造程序看作一个统一的整体,从方案阶段开始,就要有一种更全面、更科学的思考方法与设计方法。

　　住宅建筑体系设计把整个体系的生产全过程作为研究对象,因而设计不仅要综合解决一个体系所包括的同类建筑的所有建筑问题,如建筑功能、建筑艺术、小区规划、建筑技术等,而且要协调建筑设计与结构设计、设备设计、建筑材料、构配件生产、施工工艺、科学管理、技术经济等方面的综合效益,使之能以规格尽量少的构配件组成满足多种多样的物质功能和精神功能需要的建筑,尽可能取得显著的经济效益。这些特点决定了工业化住宅建筑体系的设计必须采用与传统设计显著不同的设计方法。

　　工业化住宅建筑体系的建筑设计要以高度技术综合性协调建筑设计与结构、工艺、经济的关系,从而恰当地选择体系。而每个体系自身的各种矛盾几乎总是围绕着标准化与多样化的核心问题展开。标准化要求从体系的整体到每个技术细部的处理均按系列化、通用化的要求尽可能典型、规律、简明,以求尽量简化规格而扩大生产批量,达到提高质量和降低成本的目的。而体系的生命力又取决于体系的多样化,即适应各种不同要求时的灵活性和多样性。各种“多”与“少”的矛盾交织在每个技术问题里,而体系的设计水平和经济效益也往往集中反映在解决这对矛盾的设计技巧上。而“少规格、多组合”的设计原则,很好地回应了装配式住宅设计过程中的诸多问题。

2.3.1　模数网格法

　　按照工业化的方法进行设计,需要遵守构件组合的一定规则,注意组合的规律性,这种规则就是尺寸协调统一原则。应该使建筑物及其各个组成部分之间的尺寸协调统一,构成建筑的各种构配件、材料制品以及有关设备等都必须服从于一定的尺寸系统,才能配合组装。为达到尺寸统一协调,就必须采用模数制的方法进行设计。

　　我国《建筑模数协调标准》(GB/T 50002—2013)中规定:基本模数定为100mm,以M表示;又规定1500mm以上的尺寸要用扩大模数(但住宅层高仍可按100mm进级),扩大模数可选用3M、6M、15M。采用扩大模数做设计,不仅可使建筑各部分的尺寸互相配合,而且可把一些接近的尺寸统一起来,因此可以减少构配件的规格,便于工业化生产。

模数网格法是基于几何学方面的一种设计方法,用一种尺寸线布置出空间网格,网格中的网眼的宽度即模数。绘出扩大模数的平面网格,在网格上做方案。网格线一方面要把主体结构、装修和设备的网格分开,另一方面又要使它们相互一致。一般采用两种模数网格,一种网格是主体结构网格,或称为轴线网格,它能够标出柱子和墙体的中轴线。另一种网格可以称为轮廓网格,主要用于布置设备和装修设计,它能够标出建筑物的净轮廓,体现墙体的厚度,便于设备的布置和装修材料的利用。这样做出的方案可保证建筑各部分构件符合模数,并且能相互配合协调。模数网格尺寸主要根据构件的尺寸系列和房间面积决定(图 2-19)。

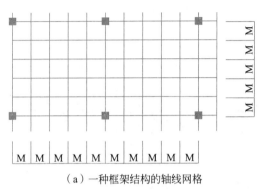

(a)一种框架结构的轴线网格

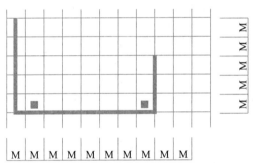

(b)框架结构的轮廓网格或装修网格

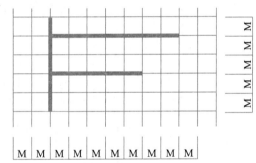

(c)板式承重结构的轴线网格

图 2-19 模数网络

注:装修网格相对于主体结构网格有位移,以便做到相同的密合。

1. 案例一

丹麦哥本哈根巴雷罗公寓单元方案采用 3M×12M 模数网格,首先将结构施工方案确定为混凝土大板横墙承重、空心楼板、轻质外墙挂板。然后从巴雷罗构件产品目录中查得各构件规格:空心楼板宽 12M,长 24M、27M、30M、…、48M;轻质外墙板宽 9M、12M、15M,都是以 3M 进级的。为了使模数网格与构件相适应,确定设计模数为 3M×12M。图 2-20是某工程中公寓单元的一份方案草图。采用这种方法设计,可得出多种不同方案,而且能使用巴雷罗构件产品目录中的构件。

2. 案例二

苏联某住宅设计方案是根据每户建筑面积,应先算出占大约多少个模数小格,用这些模数小格做出许多方案,选择其中合适的方案定为标准套型(图 2-21)。用标准套型拼成单元,再用单元组成房屋。因为是用模数网格设计的,所以可保证拼接时互相配合。设计时只要按照统一的结构系统——横墙承重,承重墙和外墙都落在模数线上就可以了。该设计比较了 12M×12M 和 15M×15M 两种网格尺寸(图 2-22)。一般来说,网格越小则构件的规格和数量越多,但产生的方案也越多。从减少规格的角度来看,15M 有 3m、4.5m、6m 三种开间,也就是有 3 种楼板长度;而 12M 有 2.4m、3.6m、4.8m、6m 四种开间,可以产生 4 种楼板长度,所以 15M 比 12M 有利。从方案多少来看,15M×15M 方案要少一些,但也足够了。从房间面积来看,15M×15M 每小格净面积约 2m²,作为房间面积大小的级差是大了一些,但采用大开间时,隔断墙并不需要放在模数线上,因此房间面积是灵活的。此外,15M 可产生苏联居室所喜欢用的 3m 开间,而 12M 则没有,所以该设计认为 15M×15M 的方案优点多些。

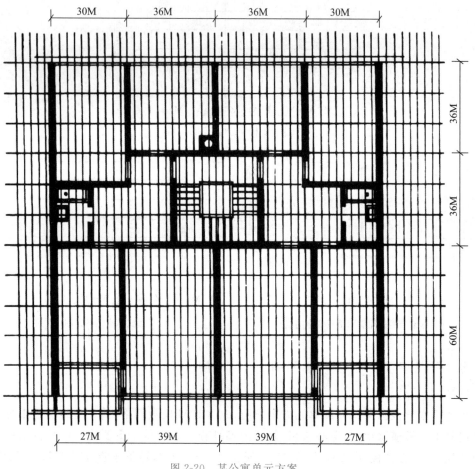

图 2-20 某公寓单元方案

从以上两个例子中可以看出,选择网格尺寸时一般考虑的问题主要包括:要充分采用定型化的产品构件,构件规格要少,要满足方案多样化的需求,要配合套型面积的要求。如果采用大模板施工,还要结合模板规格考虑,最好做成与网格一样的扩大模数的组合式模板,这样既能满足方案的多样性,又可保证模板的规格化。

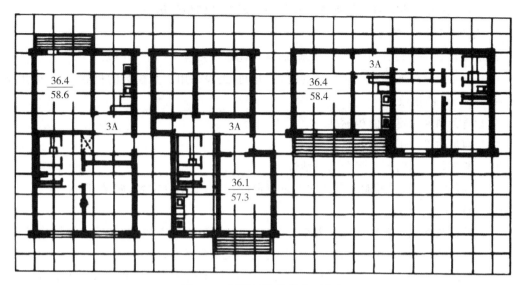

图 2-21 同样网格数的套型方案

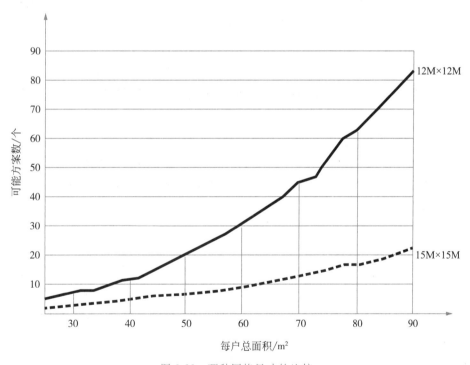

图 2-22 两种网格尺寸的比较

2.3.2 基本块组合法

首先选定建筑平面参数(开间和进深),将选定的几种开间乘以进深的面积,即四面墙之间或四柱之间的面积定为"基本块"。设计出居室和辅助房间等几种基本块,用基本块组合成套型,然后用公共交通部分将各个套型组合成各种体型的房屋。

1. 建筑参数的选择

建筑参数是决定设计方案的尺寸基础,选择建筑参数应考虑下列因素。

(1) 按照国家标准化统一模数制的规定,开间、进深采用扩大模数的倍数,层高采用基本模数 100mm 的倍数。

(2) 适合国家规定的面积标准。

(3) 满足功能使用要求。

(4) 考虑各参数间尺寸组合的灵活性。

(5) 以住宅为主,尽可能考虑其他大量建造的建筑,如单身宿舍、旅馆、医院、学校等通用的可能性。

(6) 考虑技术经济效果。对于大小开间、大小柱网的不同参数方案,要经过结构计算,进行材料、人工综合的技术经济比较。还要考虑用地的经济。

(7) 根据当地制造、加工、运输和吊装等具体条件,充分利用现有的加工厂和设备。

如何选择适宜的参数,可以总结已建造完成的反映较好的住宅开间、进深,加以分析归纳。开间的选择有小开间和大开间两种系列,小开间一般指 2.4～4.2m 参数系列;大开间一般指 4.5m 以上的参数系列,大开间参数的选择需要考虑房间分隔的灵活性。

2. 基本块的设计

用一定的开间和进深参数设计基本块时,要满足大、中、小居室的面积和布置家具的要求,尽量统一厨房、卫生间的尺寸和做法,确定楼梯、过厅的做法和尺寸。每一个基本块可以是一个房间或再分为几个空间。

3. 单元和组合体

同样种类的基本块可以组成多种单元和组合体,满足不同的套型要求,由基本块组成多种单元和组合体,其开间和进深参数较少,同时构件的种类和数量较少,便于工业化。

2.3.3 模数构件法

使用模数构件法进行设计,需要有发达的建筑业市场基础,设计时可以直接考虑模数构件的规格尺寸。在有些国家,有许多专业化的建筑构配件和建筑制品的厂商,他们的产品都是按照一定的模数尺寸系列生产的。设计者可以查阅产品目录,选用这些模数构件进行设计,而不用经过模数网格设计(图 2-23)。

日本东急预制装配方案(图 2-24)是 1972 年日本建设省、通产省、日本建筑中心共同举办的住宅设计竞赛中选的试建方案之一。该方案采用以 9M 进位的内外墙板、楼板的系列化模数构件。设计特点是将平面分为不变部分与可变部分。楼梯间和两侧的立体设备单元固定不变,楼梯间对面用双间外纵墙板 M3 也是不变的。然后两侧纵墙可根据需要面积选择 M7～M11 五种模数尺寸,可以做出 30 种不同的开间。横墙和楼板都按前后两块布置,横墙用 M4 和 M5 两种模数,可组合出 3 种进深,楼板限制在 M2、M3 两种宽度。各墙板的长度可以适应各种组合。尺寸规格见表 2-2。

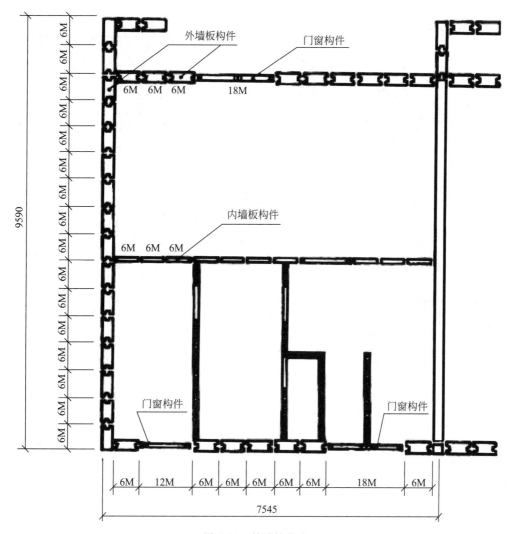

图 2-23　某城镇住宅

表 2-2　尺寸规格

板材模数编号	m1	m2	m3	m4	m5	m6	m7	m8	m9	m10	m11
板材标志尺寸	900	1800	2700	3600	4500	5400	6300	7200	8100	9000	9900

2.3.4　多样化与规格化

　　多样化与规格化的问题是装配式住宅建筑方案设计中的基本矛盾。装配式住宅与一般住宅一样,必须满足住宅在个体与规划方面各种各样的要求,主要是套型多样化、立面多样化与体型多样化。但是,多样化的设计只有建立在规格化的基础上才能用工业化的生产方式加以实现。利用模数网格、模数构件和基本块组合的方法是在装配式住宅方案设计中解决多样化与规格化矛盾的基本方法。此外,在具体处理中,还有以下几种常用的方法。

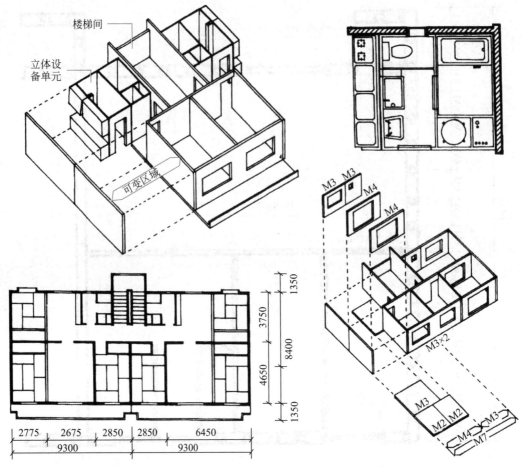

图 2-24 日本东急预制装配住宅

1. 套型多样化

住宅设计时,一般由几个标准单元组成一个系列,其中包括多种套型。为了在规格不多的前提下增加套型,有以下几种做法。

(1)利用建筑的特殊部位改变套型。可在房屋尽端处变化平面,以增加套型。一般常用做法是增加小房间和小套型(图 2-25)。首层由楼梯间对面入口时,建筑平面与标准层不同,常用做法是增加大套型(图 2-26)。顶层平面可结合坡屋顶的空间,设计出跃层套型的形式。

(2)改变门的位置变换套型。例如图 2-25 的 2-2-2 户型单元,门的位置改变就可成为 1-2-3 户型单元。

(3)利用灵活隔断变化房间布置。在楼梯间、厨房和厕所位置不变的前提下,利用灵活隔断和壁柜盒子等使户内房间分隔多样化,以满足不同家庭人口组成的需要。大开间横墙承重的住宅和框架结构的住宅都常采用这种手法。在框架结构中,墙板不承重,内墙、外墙上下可以不对齐,大开间承重墙结构拥有更大的灵活性(图 2-27)。

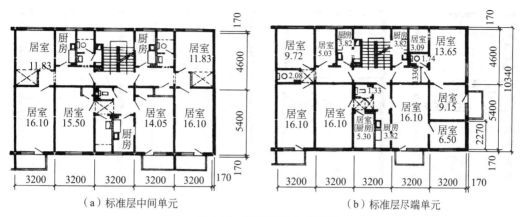

（a）标准层中间单元　　　　　　（b）标准层尽端单元

图 2-25　利用尽端改变套型

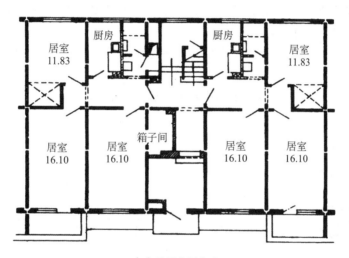

（a）首层中间单元

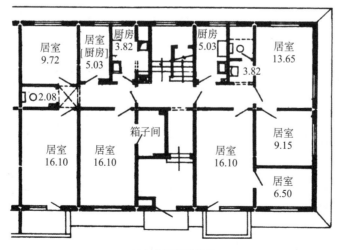

（b）首层尽端单元

图 2-26　利用楼梯对面入口改变套型

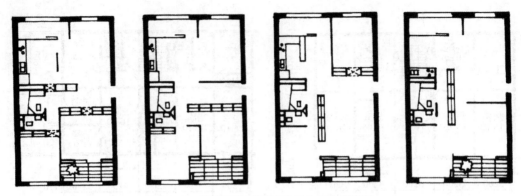

图 2-27 利用灵活隔断和壁柜盒子改变套型

2. 体型多样化

在个体建筑设计中,要考虑建筑体型的多样化,利用少数的几种单元,组合成不同体型的房屋。一般有以下两种组合方法。

(1) 设计若干个有楼、电梯的定型单元。每个单元的长短和所包括的套型各不相同,但基本构件的规格都是一样的。在设计中除条形单元外,还有错接单元、斜角单元等。组合后的体型丰富多样,再配上独立单元式和不同层数变化,以供设计选用(表 2-3)。

表 2-3 某标准住宅设计

单 元				组 合 体	
序号	平面	层数	套型	平 面	立 面
1		4 5 9	1-2-3, 1-2-3 (4-3,3-4) (3-5,2-4)		
2		4 5 9	3-4, (1-2-3)		
3		5 9	2-2-2-3 (2-2-3-4)		
4		4 5 9	1-2-2-3 (1-2-2-3)		
5		9	1-1-1-1 (2-1-1-2)		

(2) 以套型作为定型单元。图 2-28 虽然只有一种套型定型单元,但也可组成不同体型房屋。

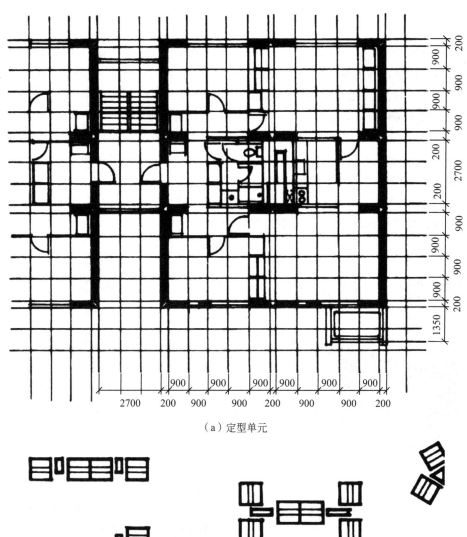

（a）定型单元

（b）各种体型的组合体

图 2-28　某装配式大板住宅

3. 立面多样化

　　装配式住宅的体型虽然可作多种组合变化，但因受构件规格少的限制，门、窗布置又大多匀称一致，所以变化较少。因此，在满足工业化施工工艺要求的前提下，应该进行必要的艺术加工，而且应该利用新材料、新技术，努力创造出崭新的现代化的建筑风格。处理手法如下。

（1）利用群体空间的变化。在群体布置中,利用空间变化,结合绿化措施来丰富周围的环境空间。

（2）利用阳台等的阴影效果。利用阳台或凸出的楼梯间等的阴影效果,可改善体型的单调感。若采用挑阳台可保持房屋外墙的平直,不削弱房屋整体性,一般比采用凸、凹阳台时构件规格少,因此在工业化住宅中应用较多。阳台可做成整间的或半间的,单个的或组合的,楼上、楼下可以对齐,也可交错,栏板可做成虚的或实的。

（3）利用结构构件。可以将梁、板等结构构件凸出墙面,做成线脚,把立面划分成水平的、垂直的或形成格网及边框,而不增加构件规格(图 2-29)。装配式墙板住宅,还可利用墙板的不同形式和划分,取得不同的立面效果。图 2-30 中带窗的外墙板与带凹廊栏板的外墙板同样处理,取得统一的效果。图 2-31 中楼上、楼下凹廊交错布置,外墙板也交错布置,并加强了两种外墙板的虚实对比,以取得丰富的变化。

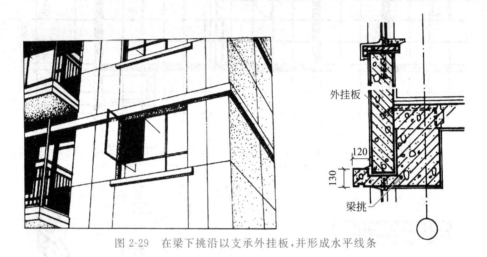

图 2-29 在梁下挑沿以支承外挂板,并形成水平线条

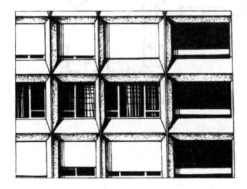

图 2-30 利用外墙板处理立面(一)

图 2-31 利用外墙板处理立面(二)

（4）利用色彩和材料。山墙与外纵墙用不同的色彩可加强建筑的体积感,使房屋显得挺拔。楼梯间外墙与其他外墙色彩不同,可加强房屋立面的垂直分割。在国外的装配式住宅设计中,有时采用几种不同的色彩处理墙面,可使立面生动活泼、富有变化。将深色外墙板的缝涂以浅色,能突出墙板划分的效果。在阳台、入口等重点部位,将一些小配件标识成醒目的颜色,或采用不同的饰面材料,能起重点装饰的作用。

（5）利用建筑小品。入口、门廊和花台等建筑小品可利用几种小构件组合，做成多种形式。这些小品可以在主体建筑完工后再做，不影响房屋基本构件的规格和快速施工（图2-32）。

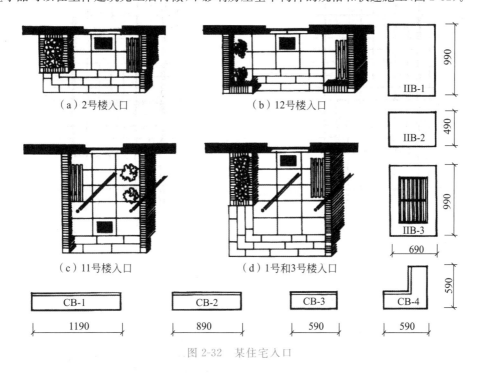

图 2-32　某住宅入口

4. 构件规格化

在方案设计阶段考虑构件的规格化主要应从两方面着手。

（1）定位轴线的标注。定位轴线与结构构件的位置关系是采用模数制设计时首先遇到的问题。在各国已建的工业化住宅中，平面定位线的标注方式主要有两种：①把定位轴线定在结构的中心线上，这样可使主体结构构件如楼板、梁及外墙板等都是模数构件。我国工业化住宅大多采用这种标注方式（图2-33）。②把定位轴线定在结构构件的表面，使房间净尺寸符合模数（图2-34）。这样便于选用按一定扩大模数尺寸定型的、由专业化工厂生产的建筑构配件和材料制品，如内隔墙、固定设备、门窗、装修饰面材料以及家具等。此外，对于大模板施工的住宅来说，房间净尺寸符合模数，对模板规格化是很有利的。

标注方式的选择，主要根据如何有利于采用定型构件，尽量减少异形构件（特别是昂贵的异形构件），并考虑使结构构件受力合理，节点构造简单，每一套设计都必须有统一的、互相配合的定位轴线标注方式，才能达到通用推广的目的。

在建筑的尽端和斜角等特殊部位标注定位轴线，对构件的规格影响较大，要结合节点做法考虑。如图2-35所示的巴雷罗公寓凹阳台的节点大样，其定位轴线与构件的位置关系保证了外墙构件是定型的。图2-36是我国工业化住宅的平面特殊部位定位轴线标注的两个例子。图2-36(a)尽端山墙的定位轴线定在墙厚为中间墙一半的位置，以保持楼板及纵向外墙板的规格不变，并且转角节点做法要用山墙板来配合外墙板，因为尽端山墙板本来就需要特殊设计，这样并不增加山墙板的规格。图2-36(b)用组合圈梁考虑定位轴线，保持梁板构件和跨度不变。

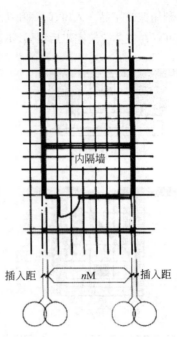

图 2-33　定位轴线在结构中心线上　　　　图 2-34　定位轴线在结构表面

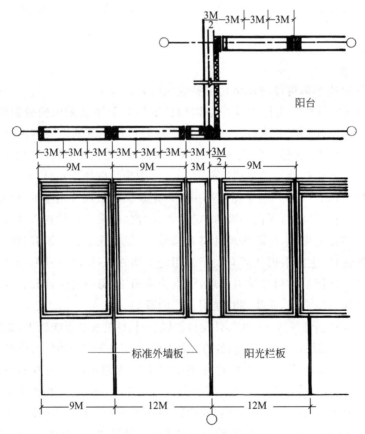

图 2-35　某公寓凹阳台的定位轴线

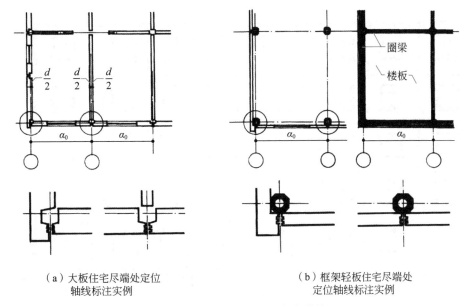

（a）大板住宅尽端处定位
轴线标注实例

（b）框架轻板住宅尽端处
定位轴线标注实例

图 2-36 平面特殊部位的定位轴线

（2）方案布局的手法，主要包括以下几方面的内容。

① 辅助部分集中和定型。在同一套住宅中的楼、电梯间和厨房、卫生间等特殊部分，一般只有一种定型设计，在各单元中重复使用。并且厨房与卫生间最好集中成组，使上下水管、煤气管、排气管、烟道等各种设备管线与墙板、楼板保持同一关系，以减少构件规格。

② 尽量设计成对称的构件。如窗洞设计在外墙板的正中，设备留洞且设计在楼板的正中，阳台布置在开间的正中或做成整个开间宽，都可达到减少构件规格的效果。又如图 2-37所示中的厨房和厕所虽然大小不同，但外墙板上两个窗的大小相同，位置是对称的。

③ 非对称构件，采用一顺布置。如图 2-37 和图 2-38 所示中各户的厨房和卫生间的平面都采用同样设计，并且采用一顺布置，使墙板预埋件和楼板留洞的位置只有一处。图 2-38所示的墙板上门窗的开设也是一顺布置的，因而减少了墙板规格。

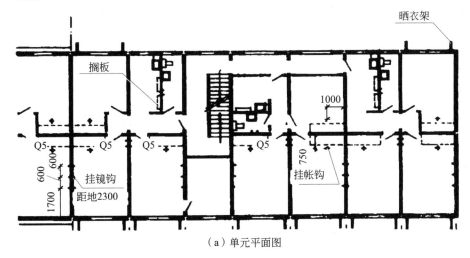

（a）单元平面图

图 2-37 上海某大板住宅

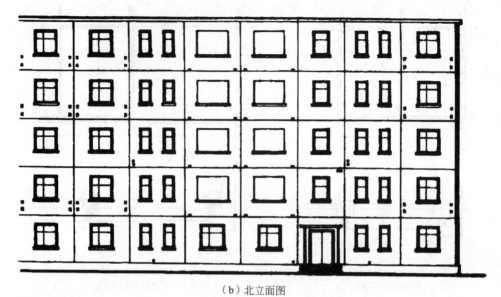

（b）北立面图

图 2-37（续）

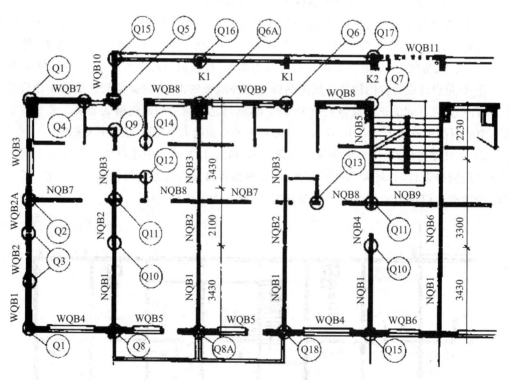

图 2-38　天津某大板住宅

④ 墙板运用正反布置。如图 2-37 所示的带门洞的内墙板 Q5 平面布置有正反两种，但因内墙两面装修相同，与隔壁连接的位置也一样，又考虑了两面连接的灵活性，门樘后装，所以可将一种构件倒转 180°再使用。

⑤ 构件留洞和预埋件要规格化。壁柜、隔墙、电灯、插销、暖气等各种装修和设备的设计要规格化,才能减少构件留洞和预埋件的规格。同时,要考虑留有余地,以一种规格适应多种需要。例如,暖气横管要有一定坡度,因此横墙上可留椭圆形的洞。虽然不是每个房间都有暖气立管,但常常是每块外墙板均设管卡的预埋件,这样既可减少规格,又可避免在施工吊装中出现误差。

2.4　配套工程工业化

随着主体结构工业化的不断发展,其他配套部件如设备、装修、基础等的工业化问题也已提到十分重要的地位。这些配套部件不但在造价上占有相当大的比重,而且用工多,往往成为拖延工期的主要原因。因此要提高工业化程度,配套部件的工业化已经成为当务之急。其中设备和装修的工业化直接涉及建筑设计方案,在建筑设计时应该综合考虑。

2.4.1　厨卫设备集成化

厨房和卫生设备的工业化影响厨房和卫生间的安排,是建筑设计方案的一个重要因素。其工业化的途径主要是向预制构件的方向发展,可分为管道墙与盒子两大类。

1. 管道墙

将各种设备立管预制在墙体构件内,称为管道墙。水平管有的预制在管道墙内,也有部分水平管是露在墙外后安装的。各种卫生器具,如洗脸盆、坐便器等大都是在吊装后安装的,也可固定在管道墙上一起吊装。

(1) 管道墙的做法有两种。

① 管线预埋在管道墙中。设备管子浇筑在管道墙内,只留出接头,吊装后将管子接通再安装卫生器具。这种管道墙制作复杂,必须由专业的工厂制作。根据起重能力的大小,管道墙宽度有 1m 左右的,也有整个房间长的,高度一般是每层一块,材料主要用钢筋混凝土。近年来随着建筑材料的发展,已有用塑料制作的。我国最早的管道墙构件是用陶土管浇筑在混凝土板内,以节约铸铁管,其预制管道墙与预制大便槽配合使用,造价低廉。两层之间的管道墙,接头处操作方便,不影响主体工程施工。上下层管道墙之间留出空隙,管路接通后用混凝土填实,然后安装横管和器材。

② 轻质的设备板与独立的管束组装。设备板可用混凝土薄板、塑料板、防水的胶合板等材料制作,与管束组装成管道墙,可以单独使用,也可作为设备盒子的一部分。这种组装的管道墙装备完善,比浇筑在墙内的重量轻,制作、安装和维修都比较方便(图 2-39)。

(2) 管道墙的布置。管道墙应沿楼板受力钢筋的方向布置,可以放在板缝中,或作为异形楼板预留管道墙的孔洞。因此,布置厨房、卫生间和安排管道墙时要考虑结构的合理性。管道墙可兼作隔墙,以节省空间和材料。在采用管道墙时,一般采用后排水的坐便器,并抬高浴盆,使水平的下水管位于地面之上,与管道墙中的下水竖管连接,可不穿楼板,以避免打洞。

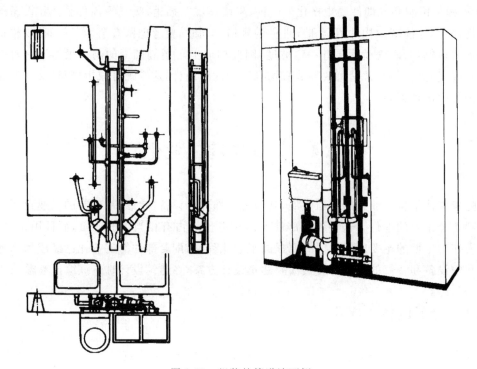

图 2-39　组装的管道墙两侧

2. 卫生间或厨房盒子

将整个卫生间或厨房,包括室内装修和器具安装都在工厂内做好,然后运到工地上整间吊装,这种构件称为卫生间盒子或厨房盒子。这样做可减少吊次、节省劳力并提高速度。同时,把现场劳动移到工厂里来,可创造更好的劳动条件和生产条件,保证产品质量。现在欧洲一些工业发达的国家以及日本、俄罗斯等国都已广泛使用。但这样必须有专门生产这种盒子的设备完善的工厂,同时还要具备较高的运输能力和吊装设备。

卫生间盒子采用较普遍。为了使卫生间盒子的重量与房屋其他构件的重量相适应,应尽量设法减轻盒子的重量。墙壁材料有轻混凝土薄板,有以玻璃纤维加强的聚酯材料或用金属骨架配以能防水的胶合板等。

(1)设备盒子的做法。图 2-40 是附有 3 件设备的卫生间盒子,用 5cm 厚的轻混凝土构件做墙壁。以角钢组装,全部安装好卫生器具后吊装。墙上贴面砖,地面铺瓷砖,面积 $3m^2$,重 2.7t。浴盆与坐便器的水平下水管在地面以上与立管相接。

近年来还出现了一种卫生间墙后附厨房设备的盒子。这种做法重量轻,集中解决了厨房和卫生间的设备需要,而且厨房中除了设备位置不能改变以外,其大小、形状包括与其他房间的关系等在设计上有很大的灵活性,优点很多,因此发展速度很快(图 2-41)。

(2)设备盒子的布置。①用盒子分隔空间。随着不承重、轻质的各种设备盒子的发展,国外工业化住宅平面布置中有一种新的倾向,即用卫生间、厨房等设备盒子和壁柜盒子来分隔房间,代替一部分隔断墙。这种设备盒子常布置在套型平面中间,除了节省采光的外墙面外,还具有其他优势:避开了主体结构,便于施工安装;盒子不与主体结构的墙体靠在一起,避免了双层的墙;建筑空间更灵活(图 2-42)。②厨房和卫生间多样化。在采用定型的设备盒子时,怎样达到厨房和卫生间设计多样化的要求,有以下一些做法:图 2-43 是 WBS-70 体系采用同一种附有厨房设备的卫生间盒子,厨房的面积和形状可有多种变化。利用开门位置的不同,给建筑平面设计带来很大的灵活性。图 2-44 是在波兰 W-70 体系之中配备几种不同大小的盒子,以供选用。卫生间盒子尺寸也采用了模数制的原则,以 300mm 为扩大模数,盒子长度有 2100mm、2700mm、3300mm。

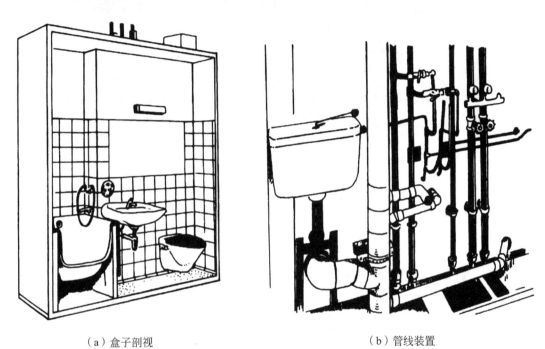

（a）盒子剖视　　　　　　　　　　　（b）管线装置

图 2-40　轻混凝土卫生间盒子

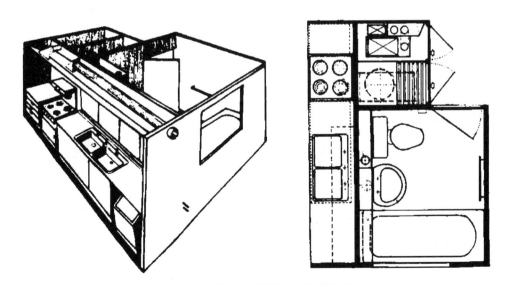

图 2-41　附有厨房设备的卫生间盒子

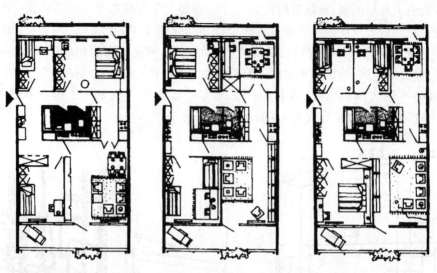

图 2-42　德国汉诺威体系套型单元

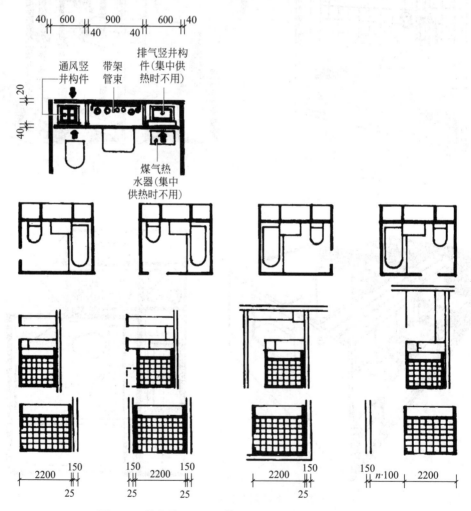

图 2-43　前东德 WBS-70 体系的卫生间盒子和平面布置

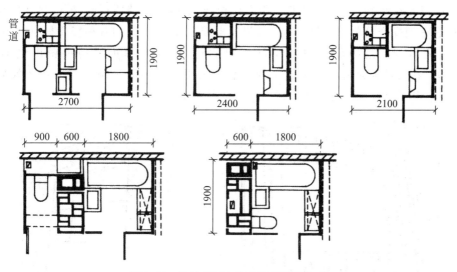

图 2-44 波兰 W-70 体系的卫生间盒子

2.4.2 住宅装修工业化

装修工程工业化的主要趋势在于用干法施工代替湿法施工；发展带有饰面的构件以减少现场的工程量；隔断墙和各种零星装修向预制装配和定型构件组合的方向发展。

1. 外装修

（1）外装修的做法如下。

① 镶贴各种陶瓷面砖、陶瓷锦砖、人造石板。一般都是在构件上预制好。在欧洲有用砖做外表面的预制外壁板，试图保留当地传统的建筑外貌。

② 干粘石、机粘石、喷粗砂。可以在构件厂预制，也可以安装后再用机械方法喷粘。

③ 采用各种聚合物涂料。应用最广泛的是石油化学工业副产品乳胶涂料，可加入水泥或不加水泥，用喷涂或滚涂方法形成 0.3～10mm 厚的麻面涂层。还可以在涂料中加入装饰性细骨料，如各种颜色的石英粉、大理石渣、玻璃碴等，按一定比例涂成不同色彩和不同质感的外表面。

④ 反打外墙板。墙板浇筑时外面向下，采用各种形式的衬模，可打出表面带花纹或有浮雕的外墙板构件。还可一次浇筑出带有窗台、窗套、腰线的外墙板构件。

（2）与建筑设计的关系如下。

① 预制的外墙板。设计必须与构件厂等有关单位配合，选择现实可行的饰面做法，凡不适宜工业化的形式都应避免。饰面和窗台线等应尽可能在构件上做好，一次或两次完成均可。需要注意的是，设计时不仅要考虑制作，还要考虑运输和堆放时不致碰坏装修及污染问题，应避免积灰。预制墙板如果不能在构件厂做好装修而要吊装后再做时，就只宜于采用操作简单的各种涂料饰面，不宜镶贴面层。可以利用色彩与质感将墙面加以处理，后抹的窗台线不能凸起太多，以免造成窗台排水时沾污窗下墙面，这些都是工业化住宅建筑设计立面处理时应该注意的。

②现浇的外墙板。采用大模板或滑动模板施工外墙时,墙体现浇,模板移开后再做饰面,一般宜采用操作简单的涂料饰面。如果要求较高,国外常采用各种轻质材料的饰面板,可取得较好效果。滑模施工时如设计特定的衬模,随着模板滑动可做出竖向线条(图2-45)。在大模板或滑动模板施工的外墙上采用后安装的预制窗台板立面效果较好(图2-46)。其他都与预制外墙板后做饰面的情况差不多。

图 2-45　竖向条纹的反打外墙板

图 2-46　后安装的外墙板

2. 内装修

内装修工业化的途径主要是由湿法向干法发展,如采用塑料墙纸、塑料地面等。再者,要在结构施工中及时做好装修,比如预制两面光的大楼板,不用再抹灰;大模板施工的墙面当模板移开后及时整修以保证光洁,都可以大大地减轻装修的工作量和缩短工期。内装修改进后由于楼板和墙面不再抹灰,接缝处就比较明显,设计划分构件时,要注意室内的美观问题及楼板缝漏水的处理等。

2.4.3　配套部件部品工业化

上述的各类住宅配套设施,在现代住宅建设过程中都属于住宅产品类。住宅产品的含义比住宅配套设施的含义更广泛,是指用于住宅的各种材料、部件和设备。

住宅产品产业化就是将构成建筑物的一部分,具有一定功能的部件,分成若干个单元或组合件,进行工业化生产,并通过标准化、系列化、配套化,使各个生产企业所生产的住宅产品具有很强的互换性与互补性,实现社会化的商品供应,其产品在施工现场无须进行任何加工就可直接进行安装。住宅产品产业化的总体要求是达到系列化开发、集约化生产、商品化销售和社会化服务。

住宅产品产业化是在"预制构配件生产工厂化"的基础上进一步发展而拓宽了住宅产品工业化生产的外延,所涉及的生产产品的范围更广。它不仅包括预制结构构件,而且还包括门窗、隔断、厨房设备、卫生设备、电器附件等,几乎扩展到所有住宅建设的材料、制品与设备。

住宅产品产业化就是在结构工程工业化的基础上向住宅的围护、隔断、装修、设备等部件的工业化纵深发展。它是解决用户所要求的多样化与工业生产所要求的规格化、标准化、批量化之间的基本矛盾的有效途径。

1. 配套部件部品工业化的特点

住宅产品产业的形成与发展,将使住宅建筑具有以下几个特点。

(1) 多样化——居住者可以根据自己的喜好、经济能力,在市场销售的各种产品中进行选择,以满足个性需求和丰富居住环境。

(2) 可变性——可以适应住户家庭结构的变化,调整和改变室内布局,使住宅适应可持续发展的需要。

(3) 可改造性——通过更换陈旧的室内设施来延长住宅建筑的使用寿命。

(4) 合理性——可提高住宅的空间利用率,使住宅功能的发挥和使用更趋向合理。

(5) 简化住宅建筑的设计和施工——建筑师可以利用产品目录简化设计图现场安装,甚至无须专门熟练的技术工人,居住者也可以亲自动手进行装配。

2. 配套部件的内容

为了体现住宅建筑对住宅产品在各个部位的不同要求,以及在同一部位各种住宅产品的互相之间的关联与配套,住宅产品配套部件可以归纳为 5 个部分:①外围护结构材料与部件;②装修材料与部件;③生活设施;④供排设施;⑤物业管理与住宅区配套材料设备。

3. 住宅产品工业化的发展要求

我国住宅产品的发展方向是要做到现实性与超前性相结合,以便适应住宅建筑发展的要求。可以归纳为以下三点。

(1) 产品性能高、体量小、节能、节材、可靠性强,兼有使用功能与装饰效果,向国际先进水平看齐。

(2) 品种配套齐全,实现标准化、系列化、配套化,适应小康住宅标准的要求,适应现代生活的需要。

(3) 产品生产实现规模化和产业化,达到先进的技术指标和良好的经济指标。

住宅产品的开发和生产具有较高的科技含量。1994—1998 年,由原国家科委和建设部牵头组织了多批住宅产品技术评估与推荐。产品门类包括厨房设备与产品、卫生间设备与产品、门窗、墙体材料、管道材料、采暖空调、电器产品、防水与保温、装饰九大类。分期出版了"小康住宅建设推荐产品手册",在实施的示范小区建设中,大量使用了这些新技术、新产品,初步体现了我国小康住宅建设中以科技为先导、适度超前的目标,为 21 世纪初期的住宅建设做出了示范。

学习笔记

第3章 装配式住宅套型设计

3.1 装配式住宅套型设计的依据与原则

住宅建筑应能提供不同的套型居住空间供各种不同户型的住户使用。户型是根据住户家庭人口构成（如人口规模、代际数和家庭结构）的不同而划分的住户类型。套型则是指为满足不同户型住户的生活居住需要而设计的不同类型的成套居住空间。

微课：装配式
住宅套型设
计（一）

从建筑类型学的角度来看，无论建筑采用何种设计方法、建造方法进行设计生产，其实现居住功能的目的都不曾改变。因此，无论是装配式住宅设计，还是传统住宅设计，住宅套型设计的目的都是为不同户型的住户提供适宜的住宅套型空间。这既取决于住户家庭人口的构成和家庭生活模式，又与人的生理和心理对居住环境的需求密切相关。同时，也受到建筑空间组合关系、技术经济条件和地域传统文化的影响和制约。

3.1.1 相关名词

户型：根据住户家庭人口构成的不同而划分的住户类型。

套型：为满足不同户型住户的生活需要而设计的不同类型的成套居住空间。

套型设计与住户家庭人口构成、家庭生活模式、生理与心理需求、空间组合关系、技术经济条件和社会意识形态等密切相关。

3.1.2 家庭人口构成

不同的家庭人口构成形成不同的住户户型，而根据不同的住户户型则需要有不同的住宅套型设计。因此，在进行住宅套型设计时，首先必须了解住户的家庭人口构成状况。

住户家庭人口构成通常可按以下3种方法进行归纳分类。

1. 户人口规模

户人口规模指住户家庭人口的数量，如1人户、2人户乃至3人及以上户。住户人口数量的不同对住宅套型的建筑面积指标和床位数布置需求不同。并且在某一预定使用时间段内，某一地区的不同户人口规模在总户数中所占百分比将影响不同住宅套型的修建比例。从世界各国情况看，家庭人口减少的小型化趋势是现代社会发展的必然。

2. 户代际数

户代际数指住户家庭常住人口的辈分代际数，如1代户、2代户乃至3代及以上户。住户家庭中代际数的多少将影响其对套内空间的功能需求，而住户群体中各类户代际数在总户数中所占百分比也将影响不同住宅套型的需求。

住户家庭成员由于年龄、生活经历、所受教育程度等的不同，对生活居住空间的需求有所差异，既有私密性的要求又有代与代之间互相关照的需要。在住宅套型设计中，既要使各自的空间相对独立，又要使其相互联系、互相关照。应该看到，随着社会的发展，多代户家庭趋于分化走势，越来越多的住户家庭由多代户分化为1代户或2代户。在我国，由于传统观念及伦理道德的影响，多代户仍保有一定比例。

3. 家庭人口结构

家庭人口结构指住户家庭成员之间的关系网络。由于性别、辈分、姻亲关系等的不同，可分为单身户、夫妻户、核心户、主干户、联合户及其他户。从发展趋势看，核心户比例逐步增大，主干户保持一定比例，联合户减少。

家庭人口结构影响套型平面与空间的组合形式。在套型设计中，既要考虑使用功能分区的要求，又要顾及户内家庭人口结构状况，从而进行适当的平面空间组合。

需要指出的是，以上三种家庭人口构成的归纳分类，在住宅套型设计中都应同时作为考虑因素。既要考虑户人口规模，又要考虑户代际数和家庭人口结构，并且家庭人口构成状况随着社会和家庭关系等因素变化而变化。在进行套型设计时，应考虑这种变化带来的可适应性问题。

3.1.3　套型与家庭生活模式

住户的家庭生活行为模式是影响住宅套型平面空间组合设计的主要因素。而家庭生活行为模式则由家庭主要成员的生活方式所决定。家庭主要成员的生活方式除了社会文化模式所赋予的共性外，还具有明显的个性特征。它涉及家庭主要成员的职业经历、受教育程度、文化修养、社会交往范围、收入水平以及年龄、性格、生活习惯、兴趣爱好等诸方面因素，形成多元的千差万别的家庭生活行为模式。按其主要特征可以归纳分类为若干群体类型。

1. 家务型

小孩处于成长阶段或家长经济收入不高，文化层次较低，以家务为家庭生活行为是家庭型的主要特征。如炊事、洗衣、育儿、手工编织等。在套型设计中，需考虑有方便的家务活动空间，如厨房宜大些，并设服务阳台等。

2. 休养型

我国人口的老龄化问题已提上议程。退休人员的增加，人均寿命的延长，子女成人后的分家，使孤老户日益增多。这类家庭成员居家时间长，既需要良好的日照、通风和安静的休养环境，又需要联系方便的交往环境。老年人身体机能衰退，生活节奏缓慢，自理能力差，易患疾病。在套型设计中，需要居室与卫生间联系方便，厨房通风良好且与居室隔离，并应设置方便的室内外交往空间。

3. 交际型

文艺工作者、企业家、干部、个体户等家庭主要成员，由于职业的需要，社交活动多，其居家生活行为特征有待客交友、品茶闲聊、打牌弈棋、家庭舞会等需求。对套型的要求是需要较大的起居活动空间,并需考虑客人使用卫生间问题。起居厅宜接近入口,并避免与其他家庭成员交通流线的交叉干扰。

4. 家庭职业型

随着社会的发展变化,一部分家庭主要成员可以在家中从事工作,进行某些适宜的成品或半成品加工,在套型设计中需设置专门的工作空间。在小城镇临街的低层住宅中,甚而形成居家与成品加工带销售的户型,常设计为前店后宅或下店上宅的套型模式。

5. 文化型

从事科技、文教、卫生等职业的人员,在家中伏案工作时间多,特别是随着网络技术的发展,出现了在家中网上办公。弹性工作制的出现特别是现代信息技术的发展,使得这部分家庭主要成员在家工作、学习与进修的时间越来越多,在套型设计中需要考虑设置专用的工作学习室。

前已述及,家庭生活行为模式是以社会文化模式所赋予的共性和家庭生活方式的个性所决定的。随着社会的发展,这些共性和个性都在发展变化之中,如何在相对固定的套型空间中增加灵活可变性和适应性,是套型设计中值得探索的问题。

3.1.4 套型居住环境与生理

住宅套型作为一户居民家庭的居住空间环境,首先,其空间形态必须满足人的生理活动需要。其次,空间的环境质量也必须符合人体生理上的需要。

1. 按照人的生理需要划分空间

首先,套型内空间的划分应符合人的生活规律,即按睡眠、起居、工作、学习、炊事、进餐、便溺、洗浴等行为,将空间予以划分。各空间的尺度、形状要符合人体工学的要求,如厨房的空间既要考虑设备尺寸的大小,又要充分满足人体活动尺度的需要,尺寸过小使人活动受阻,感到拥挤;尺寸过大,又使人动作过大,感到费劲和不方便,人体活动的基本尺度如图 3-1 所示。

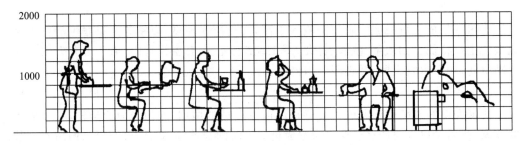

图 3-1　人体活动尺度

其次,对这些空间要按照人的活动需要予以隔离和联系,如作为睡眠的卧室,要保证安静和私密,不受家庭内其他成员活动的影响。作为家庭公共活动空间的起居室,则应宽大开敞,采光通风良好,并有良好的视野,便于起居和家庭团聚及会客等活动,且与各卧室及餐厅、厨房等联系方便。套型应公私分区明确,动静有别。

2. 保证良好的套型空间环境质量

居住者对住宅套型空间环境质量的生理要求,最基本的是能够避风雨、御暑寒、保安全,进一步则是必要的空间环境质量以及热、光、声环境等卫生要求。

从空间环境质量方面看,首先要保证空气的洁净度,也就是要尽可能减少空气中的有害气体如二氧化碳等的含量,这就要求有足够的空间容量和一定的换气量。根据我国预防医学中心环境监测站的调查和综合考虑经济、社会与环境效益,一般认为每人平均居住容积至少为 $25m^3$。同时,室内应有良好的自然通风,以保证必需的换气量。除此之外,空气中的相对湿度与温度等因素也会影响人的舒适度。

从室内热环境方面看,人体以对流、辐射、呼吸、蒸发和排汗等方式与周围环境进行热交换达到热平衡。这种热交换过大或过小都会影响人的生理舒适度。要保持室内环境温度与人体温度的良好关系,除了利用人工方式如采暖、空调等调节室内环境温度外,在建筑设计中处理好空间外界面,采取保温隔热措施,调适室内外热交换,节约采暖和空调能耗均十分重要。在相同的空间容积情况下,空间外界面表面积越小,空间内外热交换越少。因此,减少外墙表面面积是提高建筑热环境质量的重要途径。另外,外界面材料本身的保温隔热性能、节点构造方式、开窗方位及大小、缝隙密闭性等也是改善空间内部热环境质量的重要条件。在炎热地区,尤其需要注意房间的自然通风组织。

从室内光环境方面看,人类生活的大部分信息来自视觉,良好的光环境有利于人体活动,提高劳作效率,保护视力。同时,天然光对于保持人体卫生具有不可替代的作用。创造良好的光环境,除了用电气设备在夜间进行人工照明外,白昼日照和天然采光则需依靠建筑设计解决。住宅日照条件取决于建筑朝向、地理纬度、建筑间距等诸多因素。一般来说,每户至少应有一个居室在大寒日保证一小时以上日照(以外墙窗台中心点计算)。房间直接天然采光标准通常以侧窗洞口面积(Ac)与该房间地面面积(Ad)之比(窗地比)进行控制。我国《住宅设计规范》(GB 50096—2011)中的住宅室内采光标准规定了各直接采光房间的采光系数最低值和窗地面积比(表 3-1)。

表 3-1　住宅室内采光标准

房间名称	采光系数最低值/%	窗地比(Ac/Ad)	备　注
卧室、起居室(厅)、厨房	1	1/7	1. 本表系按Ⅲ类光气候区单层普通玻璃钢侧窗计算,当用于其他光气候区时或采用其他类型窗时,应按现行国家标准《建筑采光设计标准》(GB/T 50033—2013)的有关规定进行调整
楼梯间	0.5	1/12	2. 距楼地面高度低于 0.5m 的窗洞口面积不计入采光面积内。窗洞口上沿距楼地面高度不宜低于 2m

从室内声环境方面看,住宅内外各种噪声源对居住者生理和心理产生干扰,影响人们的工作、休息和睡眠,损害人的身体健康。住宅建筑的卧室、起居室(厅)内的允许噪声级(A 声级)昼间应≤50dB,夜间应≤40dB。分户墙与楼板的空气声的计权隔声量应≥40dB,

楼板的计权标准化撞击声压级宜≤75dB。要满足这些规定,必须在总图布置时尽量降低室外环境噪声级,同时合理地设计选用套型空间外界面材料和构造做法(包括外墙、外门窗、分户墙和楼板等)。对于住宅内部的噪声源,应尽可能远离主要房间。如电梯井等不应与卧室、起居室紧邻布置,否则必须采取隔声减振措施。

另外,在选择决定住宅室内装修材料时,应了解材料特性,避免或尽可能减少装修材料中有害物质对室内空气质量和人体的危害,创造良好的室内居住空间环境。

3.1.5 套型居住环境与心理

作为居住空间环境的住宅套型对居住者的心理存在着刺激和影响。同时,居住者的心理需求对居住空间环境提出了要求。如何根据居住者的心理需求,改善和提高居住空间环境质量,是套型设计中应予以重视的问题。

1. 人与居住环境

健康的人体,随时都会通过视觉、嗅觉和触觉等生理感觉器官获得对所处环境的各种感觉。感觉是人们直接了解、认识周围环境的出发点。在此基础上,产生知觉与记忆、思维与想象、注意与情感等心理活动。人对于环境产生的情感评价是对客观事物的一种好恶倾向。由于人们的民族、职业、年龄、性别、文化素养、习惯等不同,对客观事物的态度也不同,产生的内心变化和外部表情也不一样。一般而言,能够满足或符合人们需要的事物,会引起人们的积极反应,产生肯定的情感,如愉快、满意、舒畅、喜爱等。反之,则引起人们的消极反应,产生否定的情感,如不悦、嫌恶、愤怒、憎恨等。建筑师的责任就是要很好地为住户提供能够产生肯定情感的良好居住空间环境。当然,这需要住户的参与配合才能较好地实现。

2. 居住环境心理需求

人们对居住环境的需求,首先是从使用功能考虑的,即要满足人们生活行为操作的物质和生理要求。但是随着社会发展进步,人们在选择和评价套型居住环境时,逐渐将心理需求作为重要的考虑因素。当然,人的心理需求不是孤立的,而是建立在物质功能和生理需求之上的。人们对于居住空间环境的共同心理需求可以归纳为以下几方面。

(1)安全感与心理健康。人类生存的第一需要就是安全感。现代意义上的安全感应是包括生理和心理在内的安全感觉,应使居住者在居住环境中时时处处感到安全可靠、舒适自由。当人们在生活中遇到与行为经验(安全可靠性)相悖或反常的状况时,会出现心理压力过大,注意力分散,工作效率降低,疲劳感和危险感增加等现象。居住环境对于居住者的心理健康影响极大,消极的环境要素使人产生消沉、颓废的不良心理。而积极的环境要素则可使人产生鼓舞、向上的健康心理。这对于少年儿童的成长尤为重要。

(2)私密性与开放性。家是人类社会的基本细胞。它本身就具有不可侵犯的私密性特征。而卧室、卫生间、浴室更是居住者个人的私密空间。开放性和私密性是一对矛盾,人对居住空间环境既有私密性要求又有开放性要求。家作为社会基本细胞存在于社会大环境中,需要与外界联系、邻里沟通、社会交往。传统的院落空间为若干人家共同使用时,邻里交往方便,而住户的私密性较差。现在的单元式住宅住户的私密性较好,但缺少一定的开放性,邻里交往较差。

（3）自主性与灵活性。住宅作为人的生活必需品，居住者具有使用权或所有权，理所当然地对其具有支配权和自主权。住户对于自家居住空间环境的自主性心理取向十分强烈，希冀按照自己的意愿进行室内设计、装修和家具陈设。这就要求建筑师提供的住宅套型内部具有较大的灵活可变性，以满足住户的自主性心理。同时，还需考虑随着住户的心理需求变化进行空间环境变化的可能性。

（4）意境与趣味。人们的生活情趣多种多样，具有按各自兴趣爱好美化家庭环境的心理愿望。居住空间环境的意境和趣味是人的生活内容中不可或缺的因素。随着社会物质文明和精神文明的发展进步，人们文化素质也相应提高，对居住空间环境的意境和趣味性的追求越来越强烈。建筑师应为住户的创造留有较多的余地。

（5）自然回归性。现代工业文明和城市的快速发展，使人与自然的关系逐渐疏远。满目的钢筋混凝土"森林"，混乱的交通秩序，污浊的空气，恶劣的生态环境，对人的生理和心理健康构成极大的威胁，也唤起了人们向大自然回归的愿望。一个屋顶花园，一点阳台绿化以及一池盆栽，都可以或多或少满足人们这种回归自然的心理，起到调适人与自然关系的作用。

3.2　装配式住宅套型各功能空间设计

一套住宅需要提供不同的功能空间，满足住户的各种使用要求。它应包括睡眠、起居、工作、学习、进餐、炊事、便溺、洗浴、贮藏及户外活动等功能空间，而且必须是独门独户使用的成套住宅。所谓成套，就是指各功能空间必须组成齐全。这些功能空间可归纳划分为居住、厨卫、交通及其他四大部分。

微课：装配式
住宅套型设
计(二)

3.2.1　套型设计的原则

1. 功能分室的原则

（1）公私分离：私有功能空间和公用功能空间分离，一般将公用功能空间放在户型的入口附近，私有功能空间放在里面，形成明确的内外、闹静功能分区。在两个功能分区之间一般形成过渡空间，卫生间位于两个区之间。

（2）食寝分离：要求睡眠行为和就餐行为分室进行，这也是小康住宅最低目标中的功能分室标准。

（3）居寝分离：要求起居行为和居住行为分室进行，为小康住宅一般目标中的功能分室标准。

（4）起居进餐和就寝分离：要求起居、就餐、就寝都达到分室，形成许多双厅的住宅，有专门的餐厅，这也是小康住宅理想目标中的功能分室标准。

（5）洁污分离：套型内厨房、卫生间是产生垃圾及污秽物的场所，厨房应靠近出入口，和其他洁净的房间相分开，卫生间也不要面向起居室，入口应设换鞋区等，做到洁污分离。

2. 生理分室的原则

生理分室指家庭子女到一定年龄后应自己独居一室，中国城市小康住宅标准建议理想目标是子女6岁后就应和父母分室，最低目标也是到8岁和父母分室。日本是6岁，日本为鼓励子女的独立性,诱导其在满4岁时和父母分室。分室年龄越早,儿童的独立性越强,对住宅要求的标准就越高。

3.2.2　居住空间

居住空间是一套住宅的主体空间,它包括睡眠、起居、工作、学习、进餐等功能空间,根据住宅套型面积标准的不同包含不同的内容。在套型设计中,需要按不同的户型使用功能要求划分不同的居住空间,确定空间的大小和形状,并考虑家具的布置,合理组织交通,安排门窗位置,同时还需考虑房间朝向、通风、采光及其他空间环境处理问题。

1. 居住空间的功能划分

居住空间的功能划分,既要考虑家庭成员集中活动的需要,又要满足家庭成员分散活动的需要。根据不同的套型标准和居住对象,可以划分成卧室、起居室、工作学习室、餐室等。

(1)卧室。卧室的主要功能是满足家庭成员睡眠休息的需要。一套住宅通常有一至数间卧室,根据使用对象在家庭中的地位和使用要求又可细分为主卧室、次卧室、客房及佣人房等。在一般套型面积标准的情况下,卧室除作为睡眠空间外,尚需兼作工作学习空间。

(2)起居室。起居室的主要功能是满足家庭公共活动,如团聚、会客、娱乐休闲的需要。在住宅套型设计中,一般均应单独设置一个较大的起居空间,这对于提高住户家庭生活环境质量起到至关重要的作用。当住宅面积标准有限而不能独立设置餐室时,起居室则兼有就餐的功能。

(3)工作学习室。当套型面积允许时,工作学习室可从卧室空间中分离出来单独设置,以满足住户家庭成员工作学习的需要。随着社会的发展,越来越多的家庭成员需要户内工作学习空间。

(4)餐室。在面积标准较低的住宅套型设计中,餐室难以独立设置,就餐活动通常在起居室甚至在厨房进行。随着生活水平的提高,人们对就餐活动的空间质量要求也相应提高,独立设置就餐空间,特别是直接自然采光的就餐空间已逐步成为必要。

2. 房间平面尺寸与家具布置

居住部分各空间的尺度把握涉及众多相关因素。最主要的是各功能活动与人体尺度的需要及家具设备的布置决定了居住部分各空间的划分和大小。由于我国目前大量的住宅套型面积仍宜以中小套型面积为主,这就需要在住宅套型设计中,把握好房间平面尺寸、家具尺寸和人体活动尺寸,合理布置家具,避免随意性。表3-2为常用家具基本尺寸。

表3-2　常用家具尺寸(长×宽×高)　　　　单位:mm×mm×mm

规格	单 人 床	双 人 床	中 餐 桌	西 餐 桌
大	2000×1050×450	2000×1500×450	$\phi 1200 \times 780$	$\phi 1000 \times 750$
中	2000×900×420	2000×1350×420	750×750×760	1300×700×750
小	2000×850×420	2000×1200×420		750×750×750
规格	长 茶 几	梳 妆 桌	电 脑 桌	床 头 柜
大	1400×550×500	1200×600×700	1150×600×660	700×400×700
中	1200×500×450	800×500×700		600×400×600
小	1000×450×450	700×400×700		450×350×550

（1）卧室平面尺寸与家具布置。前已述及，卧室可分为主卧室、次卧室、客房和佣人房等。主卧室的适宜面积大小在 $9\sim15m^2$；次卧室的适宜面积大小在 $5\sim12m^2$。

主卧室通常为夫妇共同居住，基本家具除双人床外，对于年轻夫妇，尚需考虑可能放置婴儿床。此外，衣柜、床头柜是必需的。条件许可时还可能有梳妆台、衣帽架、电视柜等家具。对于兼作学习用的主卧室，还需放置书架、书桌等。图 3-2 为主卧室尺寸和家具布置示例。床作为卧室的主要家具，影响着卧室的家具布置方式。由于住户的生活习惯、爱好不同，主卧室应提供住户多种床位布置选择，要满足这一点，其房间短边净尺寸不宜小于3000mm。这是因为顺房间短边放床后尚应有一门位和人行活动面积。值得一提的是，由于使用要求和传统生活习惯，住户较忌讳床对门布置，也不宜布置在靠窗处，通常在面积较窄时床的一条长边靠墙布置，在面积宽松时床的两条长边均不靠墙布置。

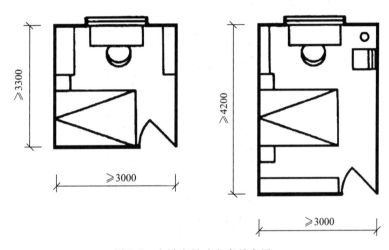

图 3-2　主卧室尺寸和家具布置

次卧室包括双人卧室、单人卧室、客房及佣人房。由于其在套型中的次要地位，在面积和家具布置方面要求低一些。床可以是双人床、单人床乃至高低床，考虑到垂直房间短边放置单人床后尚有一门位和人行活动面积，次卧室的短边最小净尺寸不宜小于2100mm（图 3-3）。

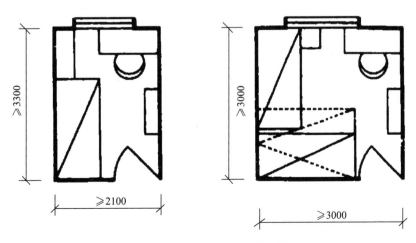

图 3-3　次卧室尺寸和家具布置

需要指出的是,在我国套型面积标准较低的情况下,进行卧室设计时,宜使平面布置紧凑合理,以省出面积加大起居室空间。

(2) 起居室平面尺寸与家具布置。起居室的设置在我国经历了从卧室兼起居而后分离出小方厅(过厅)再到起居室的过程。这是与套型面积标准的变化相联系的,同时也说明了人们对起居空间的要求越来越高。起居室的适宜面积为 $10\sim25m^2$。

起居室的家具布置最基本的有沙发、茶几、电视柜以及音响柜、储物柜等,兼作餐室的起居室还有餐桌椅等。由于起居室空间需满足家庭团聚、待客、娱乐休闲等要求,故需要较为宽松的家具布置,以及足够的活动空间。起居室的平面尺寸与住宅套型面积标准,家庭成员的多少,看电视、听音响的适宜距离以及空间给人的视觉感受有关。一般来说,其短边净尺寸宜在 3000mm 以上。沙发与视听柜可沿房间对边布置,也可沿房间对角布置。图 3-4 为起居室平面尺寸和家具布置示例。

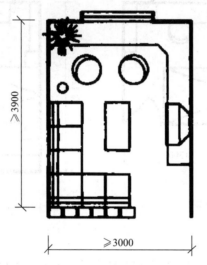

图 3-4　起居室平面尺寸和家具布置示例

(3) 工作学习室平面尺寸与家具布置。在有条件的住宅套型中,可将工作学习空间从卧室分离出来,形成半独立或独立的房间。其主要家具根据使用对象的不同有书桌椅、书柜架、电脑桌椅、躺椅等,有条件时尚可布置床位。工作学习室的面积可参照次卧室考虑,其短边最小净尺寸不宜小于2100mm,如图 3-5 所示。

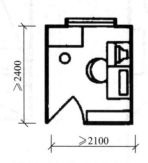

图 3-5　工作学习室平面尺寸和家具布置示例

（4）餐室平面尺寸与家具布置。餐室的主要家具为餐桌椅、酒柜及冰柜等。其最小面积不宜小于 5m²，其短边最小净尺寸不宜小于 2100mm，以保证就餐和通行的需要（图 3-6）。

以上从一般家具的平面布置及家庭活动需要出发，讨论了居住部分空间的平面尺寸。另外，尚需注意房间平面的长、宽尺寸比例，一般控制在 1：1.5 以内为宜，避免空间给人以狭长感，要做到这一点，需在平面组合设计时进行仔细推敲。

在紧凑的住宅套型中，家具布置还可向立体化发展，有效地利用空间。如布置高低床、吊柜以及多功能灵活家具等，在有限的面积内增加空间的使用效率（图 3-7）。

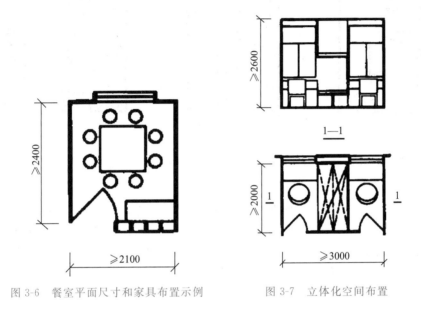

图 3-6　餐室平面尺寸和家具布置示例　　　　图 3-7　立体化空间布置

3. 门窗设置与家具布置

在居住空间中，家具通常靠墙面布置，以便使空间中部作为活动场地，并减少视觉拥挤感。但墙上的门窗洞口位置将影响家具布置，设计中需注意合理解决门窗洞口与家具的关系。

（1）门的设置与家具布置。

① 房间门。房间门的尺寸既要考虑人的通行，又要考虑家具搬运。户门、起居室门和卧室门洞口最小宽度不应小于 900mm，厨房门不应小于 800mm，卫生间门不应小于700mm，门高度均不应小于 2000mm。

当进卧室的门位于短边墙时，宜靠一侧布置，使开门洞后剩余墙段有可能放床，并且最好能容纳床的长边。当其位于长边墙时，宜靠中段布置，或靠一侧布置，留出 500mm 以上墙段，使房间四角都有布置家具的可能。

起居室作为户内公共空间，通常需联系卧室和其他房间，即在起居室的墙面上可能会有多个门洞，极易造成起居室墙面洞口太多，所余墙面零星分散，不利于家具布置。在设计中，需特别注意减少洞口数量，并注意洞口位置安排相对集中，以便尽可能多地留出墙角和完整墙面布置家具。

② 阳台门。阳台门的大小一般仅考虑人员通行尺寸，因无大型家具搬运，其门洞口最

小宽度不应小于700mm。

卧室与阳台之间的门可与窗一起形成门带窗,也可分别设置。其位置一般靠阳台一端,以便开启,如在一端留出500mm左右墙段再设门,有利于在墙角布置家具。起居室与阳台之间的门可采用落地玻璃门,形成通透开阔的视野,如图3-8所示。

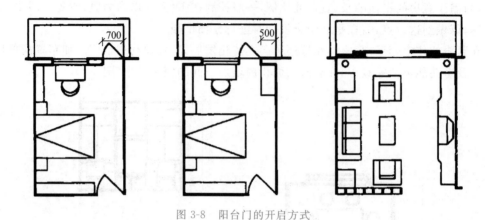

图 3-8 阳台门的开启方式

③ 壁橱门。壁橱由于不常开启,可设在房间门后,或尽量靠近房间门,以保持墙面完整性,有利于家具布置(图3-9)。

(2)窗的设置与家具布置。窗的尺寸主要由采光、通风要求限定,同时也受到形式美学法则的影响。通常其下口(窗台)高度距地900mm左右,窗洞高1500mm左右,窗洞宽度则由房间采光面积要求决定。窗在房间中的位置既与外立面处理有关,又需从室内家具布置考虑,宜靠房间中部布置,以留出墙角,且最好有一外墙段宽度在900~1400mm,以满足布置床位和家具的可能性(图3-10)。

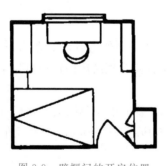

图 3-9 壁橱门的开启位置

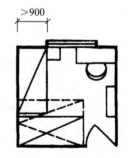

图 3-10 窗的设置与家具布置

随着人们生活水平的提高,空调器和暖气片的设置位置也应在设计中留有余地,与家具布置一并考虑。

4. 居住部分空间设计与处理

室内空间设计与处理包含许多内容,如空间的高低变化、复合利用、装修色彩,乃至照明灯具、家具陈设等。在平面大小一定的情况下,对层高的把握成为主要因素。而层高的确定受空间容积和建筑经济的影响较大。

空间容积的大小对建筑节能具有重要意义。容积减小,可降低空调负荷。同时在面积一定的情况下,容积减小意味着层高降低,外墙面减少,提高了保温隔热性能。当然,容积的减小和层高的降低是有限度的,如前节所述,必须保证足够的空间和一定的换气量。

据资料分析,在一般住宅中,层高每降低100mm,造价可降低1%~3%。层高降低后,节约了墙体材料用量,减少了结构荷载,节约了楼梯间水平投影面积。此外,建筑总高的降低有利于缩小建筑间距,节约用地。由此可见,适当降低层高,对于量大面广的住宅建设是很有经济意义的。

国外住宅的净高以2.5m左右居多。我国的《住宅设计规范》(GB 50096—2011)规定,普通住宅层高宜为2.8m。卧室、起居室局部净高不应低于2.1m,且其面积不应大于室内面积的1/3(坡屋顶下不应大于室内面积的1/2)。

为了使较低层高的室内空间不致产生压抑感,可在墙面的划分、色彩的选择等方面进行处理,为了减少空间的封闭感,可在私密性弱的空间之间采用不到顶的半隔断,使空间得以延伸,也可适当加大窗户,扩大视野,以求获得良好的室内空间效果(图3-11)。

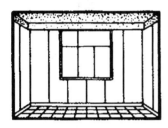 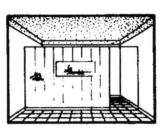 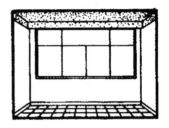

(a)墙面划分增加高度感　　　　　(b)半隔断延伸空间　　　　　(c)窗加宽开阔视野

图3-11　室内空间效果

3.2.3　厨卫空间

厨卫空间是住宅功能空间的辅助部分又是核心部分,它对住宅的功能与质量起着关键作用。厨卫空间内设备及管线多,其平面布置涉及操作流程、人体工效学以及通风换气等多种因素。由于设备安装后移动困难,改装更非易事,设计时必须精益求精,认真对待。

1. 厨房

厨房是设备密集和使用频繁的空间,又是产生油烟、水蒸气、一氧化碳等有害物质的场所。在住宅套型设计中,它的位置和内部设备布置尤为重要。厨房是家庭内的必需空间,主要从事炊事活动;环境应卫生、洁净,防止空气污染,防止渗漏,妥善处理垃圾污物;要求是和餐厅(就餐空间)、服务阳台、储藏等空间有直接的联系;厨房应靠近户门,这样可以方便购物入内和清除垃圾,在流线上避免经过私密区或经过起居室达到厨房,不利于洁污分流;要有直接的采光、通风,对朝向要求不高;厨房需要考虑设备、管道、通风等方面要求,涉及建筑、结构、设备(给水排水、供暖、热水、通风、电气)等多专业配合;设备和设施涉及模数协调原则,便于安装和有效利用空间;要满足人体工效学的要求,方便操作,使用舒适。

(1)厨房设备及操作流程。厨房的主要功能是完成炊事活动,其设备主要有洗涤池、案桌、炉灶、储物柜,乃至排气设备、冰箱、烤箱、洗碗机、微波炉、餐桌等。图 3-12 为主要厨房设备及所需活动空间尺寸。

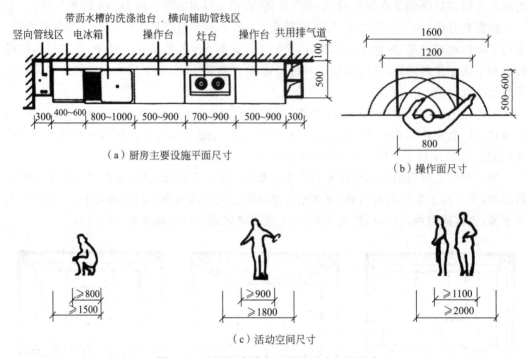

（a）厨房主要设施平面尺寸

（b）操作面尺寸

（c）活动空间尺寸

图 3-12　主要厨房设备及所需活动空间尺寸

厨房的操作流程一般为:食品购入→贮藏→清洗→配餐→烹调→备餐→进餐→清洗→贮藏。应按此流程根据人体工效学原理,分析人体活动尺度,序列化地布置厨房设备和安排活动空间。特别是厨房中的洗涤池、案台和炉灶应按洗→切→炒的程序来布置,以尽量缩短人在操作时的行走距离。

（2）厨房尺寸与设备布置形式。厨房的平面尺寸取决于设备布置形式和住宅面积标准。我国常用厨房面积在 3.5～6m² 为宜。其设备布置方式分为单排型、双排型、L 型、U型,其最小平面尺寸如图 3-13 所示。单排布置设备时,厨房净宽不小于 1500mm;双排布置设备时,两排设备的净距不应小于 900mm。

北方寒冷地区,炉灶不宜靠窗口布置,否则寒风入侵影响炉灶温度;而在南方炎热地区,炉灶常靠窗布置,以利于通风降温。

（3）厨房细部与管线综合设计。厨房面积虽小,但设备种类多,细部设计应从三维空间考虑,既要遵循人体工效学原理,又要合理有效地利用空间,安排必要的储物空间。厨房内有上下水管、燃气管等各种管道以及水表、气表等量具,如布置不当,既影响使用与安全,又不美观。设计时应对厨房内所有管线布置进行综合考虑,宜设置水平和垂直的管线区,既方便管理与维修,又使室内整洁美观。此外,厨房排烟、气问题十分重要,除有良好自然通风外,应考虑机械排烟、气措施,如设置排烟井道,并在炉灶上方设排油烟机或其他排风设备等(图 3-14)。

（a）单排型　　　　　　　　　　　（b）双排型

（c）L型　　　　　　　　　　　（d）U型

图 3-13　厨房最小平面尺寸及设备布置形式

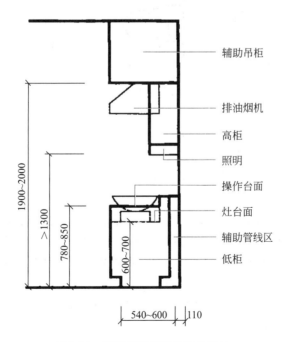

图 3-14　厨房细部与管线综合设计

（4）带餐室厨房。这种厨房类型将就餐空间纳入厨房之内，其面积需扩大至 $6 \sim 8m^2$ 方能满足功能需要。在全国大城市居住实态调查中，当使用面积为人均 $12m^2$ 左右时，就有条件产生带餐室的厨房。这种方式对节约空间并保持起居空间的整洁有利，但文明就餐程度较差。

2. 卫生间

从广义来看，住宅卫生间是一组处理个人卫生的专用空间。它应容纳便溺、洗浴、盥洗及洗衣四种功能，在较高级的住宅里还可包括化妆功能在内。在我国，住宅卫生间从单一的厕所发展到包括洗浴、洗衣的多功能卫生间。随着生活水平的提高，多功能的卫生间又将分离为多个卫生空间。

（1）卫生间基本设备与人体活动尺度。卫生间基本设备有便器（蹲式、坐式）、淋浴器、浴盆、洗脸盆、洗衣机等（图 3-15）。必须充分注意人体活动空间尺度的需要，仅能布置下设备而人体活动空间尺度不足，将会严重影响使用功能。

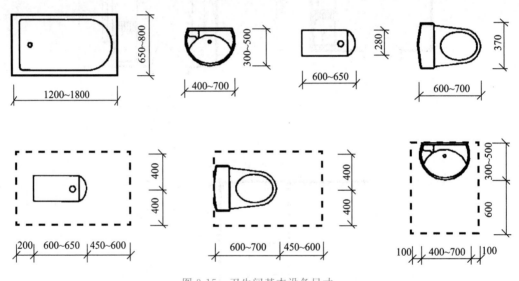

图 3-15　卫生间基本设备尺寸

（2）卫生间的布置形式与尺寸。卫生间应按其使用功能适当地分离开来，以形成不同的使用空间，这样可以在同一时间使用不同的卫生设备，有利于提高使用功能。一户卫生间的总面积以 $2.5 \sim 5m^2$ 为宜。

卫生间功能空间可以划分为 $2 \sim 4$ 个空间，标准越高，划分越细。从居住实态调查分析，多数住户赞成将洗脸与洗衣置于前室，厕所和洗浴放在一起，有条件时可将厕所和洗浴也分开单独设置。在条件许可时，一户之内也可设置多个卫生间，即除一般成员使用的卫生间外，主卧室另设专用卫生间（图 3-16）。

厕所单独设置时，其净空也要符合要求，当门外开时为 900mm×1200mm，当门内开时为 900mm×1400mm（图 3-17）。

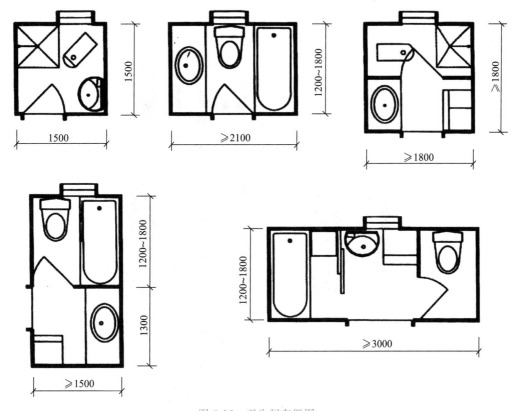

图 3-16 卫生间布置图

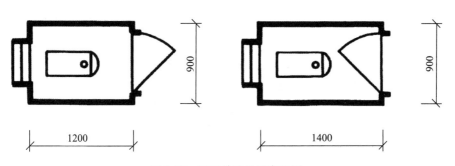

图 3-17 厕所单独设置布置图

浴室设备目前国内多使用热水器淋浴,使用浴盆的较少,但从住户的意愿调查表明,今后愿用浴缸的占相当大比例,对老人和小孩来说,也宜使用浴缸。考虑到卫生间今后扩建、改建的困难,在设计中仍应以放置浴缸或预留浴缸位置来考虑其面积大小。

(3)卫生间细部处理。卫生间的地面、墙面应考虑防水措施。地面应防滑和排水,墙面应便于清洗。内部设置应考虑镜箱、手纸盒、肥皂盒等位置,还需考虑设置挂衣钩、毛巾架等。卫生间门下部宜做进风百叶窗,以利于换气。当卫生间不能直接对外通风采光时,应设置排气井道,并采用机械通风。排气井道分为主、副井道,以防止气体倒灌,在副井道上安装离心式通风器。需要注意的是,排气井道尺寸应不影响卫生间设备布置和使用,如图 3-18 所示。

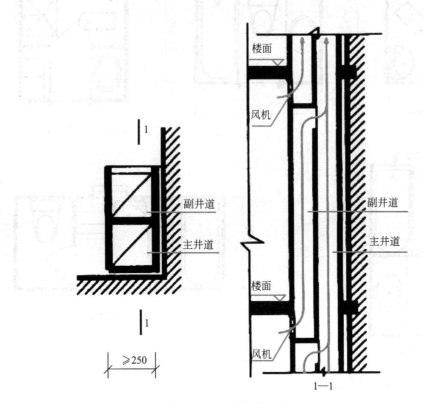

图 3-18 卫生间排气井道

（4）卫生间的管道布置。卫生间内与设备连接的有给水管、排水管、热水管,需进行管网综合设计,使管线走向短捷合理,并应适当隐蔽,以免影响美观。给水排水立管位置、横管位置、地漏位置等均应进行综合设计,与设备工种统筹考虑。

此外,在我国燃气热水器使用较普遍,由于其燃烧时大量耗氧,并释放一氧化碳等有害气体,不能将其设置于卫生间中,应设置于通风良好的地方。

3.2.4 交通及其他辅助空间

一套住宅除考虑其居住和厨卫部分空间的布置外,尚需要考虑交通联系空间、杂物贮藏空间以及生活服务阳台等室外空间及设施。

1. 交通联系空间

交通联系空间包括门斗或前室、过道、过厅及户内楼梯等,在面积允许的情况下入户处设置门斗或前室,可以起到户内外的缓冲与过渡作用,对于隔声、防寒有利。同时,可作为换鞋、存放雨具、挂衣等空间。前室还可作为交通流线分配空间。门斗的设置尺寸其净宽不宜小于 1200mm,并应注意搬运家具的方便。

过道或过厅是户内房间联系的枢纽,其目的是避免房间穿套,并相对集中开门位置,减少起居室墙上开门数量。通往卧室、起居室的过道,其净宽不宜小于1000mm。通往辅助用房的过道,其净宽不应小于900mm。

当一户的住房分层设置时,垂直交通的联系采用户内楼梯。户内楼梯可以设置在楼梯间内,也可以与起居室或餐室结合在一起,既可节省空间,又可起到美化空间的作用。户内楼梯的形式可以有单跑、双跑、三跑及曲尺形、弧形等多种(图3-19),可根据套型空间的组合情况选用。梯段净宽为当一边临空时不应小于750mm,当两侧有墙时不应小于900mm。梯级踏步宽度不应小于200mm。扇形踏步转角距扶手边250mm处的宽度不应小于220mm。

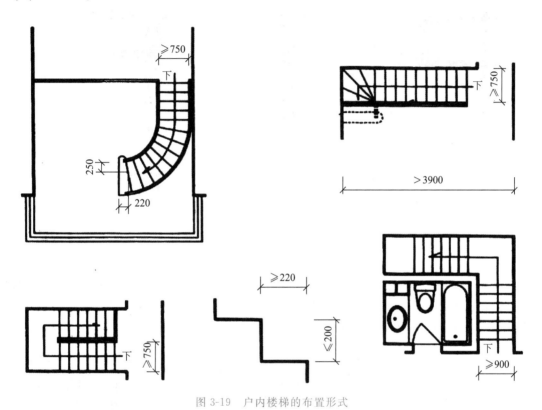

图 3-19 户内楼梯的布置形式

2. 贮藏空间

住户物品的贮藏需求因户而异,涉及人口规模、生活、习惯、经济能力等。在一套住宅中,合理利用空间布置贮藏设施是必要的。如利用门斗、过道、居室等的上部空间设置吊柜,利用房间组合边角部分设置壁柜,利用内墙体厚度设置壁龛等(图3-20)。此外,坡屋顶的屋顶空间,户内楼梯的梯下空间等也可作为贮藏空间。需要注意的是,每套住宅应保证有一部分落地的贮藏空间,以方便住户使用。落地贮藏面积因地区气候、生活习惯等因素而异,根据调查资料,一般设计可按 $0.5m^2$/人左右来考虑。

3. 室外空间

住宅的室外活动空间,包括多层和高层住宅的阳台、露台以及低层住宅中的户内庭院,这在完善的住宅功能空间中是不可缺少的。

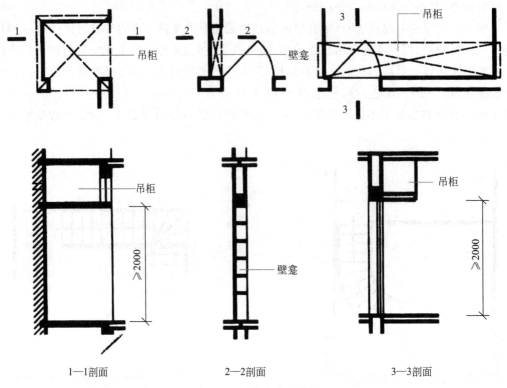

1—1剖面   2—2剖面   3—3剖面

图 3-20　墙体壁龛的设置

（1）阳台。阳台按使用功能可分为生活阳台和服务阳台。生活阳台供生活起居用，设于起居室或卧室外部。服务阳台供杂务活动和晾晒用，通常设于厨房外部。阳台按平面形式可分为以下几种，如图 3-21 所示。

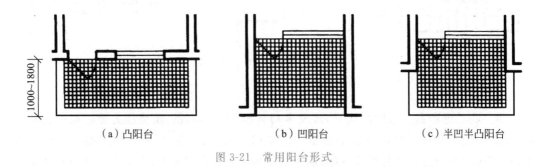

（a）凸阳台　　　　（b）凹阳台　　　　（c）半凹半凸阳台

图 3-21　常用阳台形式

① 凸阳台。悬挑出外墙，也称挑阳台，视野开阔，日照通风良好，但私密性较差，和邻户之间有视线干扰，可在两侧加挡板解决。凸阳台因受结构、施工与经济限制，出挑深度一般控制在 1000～1800mm 范围。出挑宽度通常为开间宽度，以利于使用和结构布置。

② 凹阳台。凹阳台凹入外墙之内，结构简单，深度不受结构限制，使用安静隐蔽。在炎热地区，深度较大的凹阳台是设铺纳凉的良好空间。

③ 半凹半凸阳台。兼有凸阳台和凹阳台的优点，同时避免了凸阳台出挑深度的局限。

④ 封闭式阳台。将以上三种阳台临空面装上玻璃窗,就形成封闭式阳台,可起到日光室的作用。当其进深较大时,也可作为小明厅使用。

阳台的构造处理,应保证安全、牢固、耐久,特别是阳台栏板,需具有抗侧向力的能力。阳台的地面标高宜低于室内标高 30～150mm,并应有排水坡度引向地漏。阳台栏杆的净高度:低层、多层住宅不应低于 1050mm,中高层、高层住宅不应低于 1100mm。

阳台除供人们从事户外活动之外,兼有遮阳、防雨、防火灾蔓延的作用,同时可以达到丰富建筑外观的艺术效果。

(2) 露台。露台是指其顶部无覆盖遮挡的露天平台。如顶层阳台不设雨篷即形成露台。在退台式住宅中,退台后的下层屋顶即形成上层露台。露台是多层或高层住宅中特有的室外空间形式。通常做成花园式露台,覆土种植绿化,为住户提供良好的室外活动空间,既美化了环境,又加强了屋顶的隔热保温性能(图 3-22)。

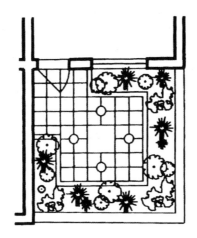

图 3-22　屋顶露台

4. 其他设施

其他设施如住宅内的生活垃圾处理是一个值得重视的问题,在我国,过去多为设置垃圾井,但从文明卫生角度看存在污染。因此不宜设垃圾井,而应根据垃圾收集方式设置相应设施。中高层及高层住宅每层应设置封闭的垃圾收集空间。晾晒设施也是住宅的必要功能部件,需有所安排考虑。

3.3　装配式住宅套型空间组合设计

随着居民生活水平的提高,使用者在住宅中的活动内容增多,住宅套型需要满足居民生活的要求也越来越多了。要使住宅套型最大限度地发挥功能,提高效率,减小内部的相互干扰,满足使用者的要求,对住宅套型进行功能分区,成为住宅功能空间组合的一个重要原则。住宅套型的质量很大程度上由各个功能空间的序列、室内空间的层次决定,这些都体现在功能空间的组合上。

套型空间的组合,就是将户内不同的空间,通过一定的方式有机地组合在一起,从而满足不同住户使用的需要,并留有发展变化的余地。

一套住宅是供一个家庭使用的。套内功能空间的数量、组合方式往往与家庭的人口构成、生活习惯、社会经济条件以及地域、气候条件等密切相关。住户的不同户型要求不同的套型组合方式,因此户型是住宅套型空间组合设计的基本依据之一。而户型往往又是随着时间的推移而不断变化的,所以,套型也应根据户型的变化而留有发展余地。

3.3.1 套型空间的组合分析

套型空间的组合,必须考虑户内的使用要求、功能分区、厨卫布置、朝向通风以及套型的发展趋势等多方面因素,为住户创造一个舒适、安全、美观、卫生并留有发展余地的住宅。

1. 户内功能分析

住宅的户内功能是住户基本生活需求的反映。这些需求包括会客、家人团聚、娱乐、休息、就餐、炊事、学习、睡眠、盥洗、便溺、晾晒、贮藏等。为了满足这些需求,就必须有相应的功能空间去实现。不同的功能空间应有它们特定的位置与相应的尺度,但又必须有机地组合在一起,共同发挥作用。图 3-23 为户内各部分之间的功能关系。

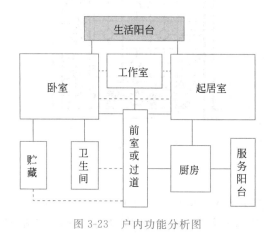

图 3-23 户内功能分析图

由于面积限制,有时会产生空间功能的重叠,也就是说,在同一空间内具有两种以上的功能,比如起居和就餐,就餐和炊事等。

2. 户内功能分区

户内功能分区,就是根据各功能空间的使用对象、性质及使用时间等进行合理组织,使用性质和使用要求相近的空间组合在一起,避免使用性质和要求不同的空间互相干扰。但由于住宅平面组合中有面积大小、形体构成、交通组织、管道布置、节约用地等诸多因素的影响,功能分区也只能是相对的,设计时可能因照顾某些因素而使功能分区不明显,应容许处理中存在必要的灵活性。

(1) 公私分区。公私分区是按照空间使用功能的私密程度的层次来划分的,也可称为内外分区。住宅内部的私密程度一般随着人的活动范围扩大和成员的增加而减弱,相对地,其对外的公共性则逐步增强。住宅内的私密性不仅要求在视线、声音等方面有所分隔,同时在住宅内部空间的组织上也能满足居住者的心理要求。因此,应根据私密性要求对空间进行分层次的序列布置,把最私密的空间安排在最后。图 3-24 为住宅空间私密性序列。卧室、书房、卫生间等为私密区,它们不但对外有私密要求,本身各部分之间也需要有适当的私密性。半私密区是指家庭中的各种家务活动、儿童教育和家庭娱乐等区域,其对家庭成员间无私密要求,但对外人仍有私密性。半公共区是由会客、宴请、与客人共同娱乐及客用卫生间等空间组成。这是家庭成员与客人在家里交往的场所,公共性较强,但对外人讲仍带有私密性。公共区是指户门外的走道、平台、公共楼梯间等空间,这里是完全开放的外部公共空间。

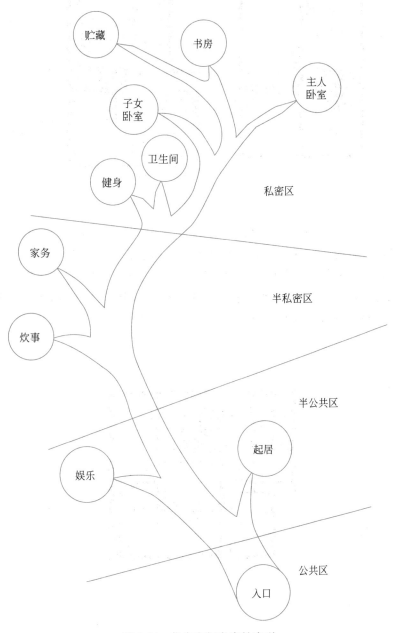

图 3-24　住宅空间私密性序列

（2）动静分区。动静分区从时间上来说，也可叫作昼夜分区。一般来说，会客室、起居室、餐室、厨房和家务室是住宅中的动区，使用时间主要是白昼和晚上部分时间。卧室是静区，主要在夜晚使用。工作和学习空间也属于静区，但使用时间根据职业不同而异。此外，父母和孩子的活动分区，从某种意义上来讲，也可算作动静分区，在国外高标准的住宅中也尽可能将它们布置在不同的区域内（图3-25）。

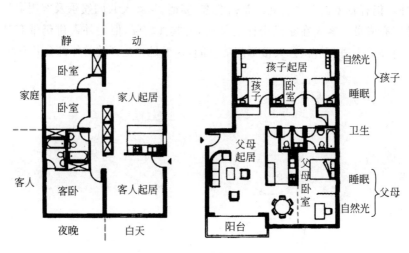

图 3-25 动静分区

（3）洁污分区。洁污分区主要体现为有烟气、污水及垃圾污染的区域和清洁卫生区域的分区，也可以概略地认为是干湿分区，即用水与非用水活动空间的分区。由于厨房、卫生间要用水，有污染气体散发和有垃圾产生，相对来说比较脏，且管网较多，集中处理较为经济合理，因此可以将厨房、卫生间集中布置。但由于它们功能上的差异，有时布置在不同的功能分区内。当集中布置时，厨房、卫生间之间还应作洁污分隔（图3-26）。

图 3-26 洁污分区

3. 合理分室

住宅空间的合理分室就是将不同功能的空间分别独立出来，避免空间功能的合用与重叠。空间合理分室反映了住宅套型的规模,也反映了住宅的居住标准和居住的文明程度。功能空间的专用程度越高,其使用质量也越高。功能空间的逐步分离过程,也就是功能质量不断提高的过程。合理分室包括生理分室和功能分室两个方面。

(1)生理分室。生理分室也称就寝分室。它与家庭成员的性别、年龄、人数、辈分、是否夫妻关系等因素有关。孩子到一定年龄(6~8岁)应与父母分室,不同性别的孩子到一定年龄(12~15岁)也应分室,即使同性别的孩子到一定年龄(15~18岁)也应分室,而这些年龄界限的确定与社会经济发展、住宅的标准以及文明程度有关。

(2)功能分室。功能分室就是把不同的功能空间分离开来,以避免相互干扰,提高使用质量。功能分室包含了食寝分离,起居、用餐与睡眠分离,工作、学习分离三个方面。食寝分离就是把用餐功能从卧室中分离出来,可以在厨房中安排就餐空间,或者在小方厅内用餐。起居、用餐与睡眠分离,就是将家庭公共活动从卧室中分离出来,有单独的起居室和餐厅,或者起居、餐厅合一。工作、学习分离就是将工作、学习空间独立出来,设置工作室或书房,以便为工作、学习创造更为安静的条件。

4. 厨房和卫生间布局

厨房和卫生间是住宅内的核心,是家庭成员活动的重要场所,是管线密集、使用频率最高的地方,也是产生油烟、垃圾和其他有害气体的地方。厨房、卫生间都是用水房间,属于不洁区域。从洁污分区的角度来说,应尽量靠近。而从公私分区的角度来说,又应当适当分离。厨房往往集中在白天使用,无私密性要求,而卫生间的使用是不分昼夜的,有私密性要求。在标准较高的住宅中,卫生间的数量可能不止一个,有公用的、专用的,私密程度也不一样。因此,厨房、卫生间的布置是否合理,直接影响到居住的质量和使用上的方便程度,它们的布局方式,应根据不同的情况来选择。

(1)相邻布置。如图 3-27 所示,便于干湿分区和管线集中,但卫生间的位置不一定很合理,有时距卧室较远。

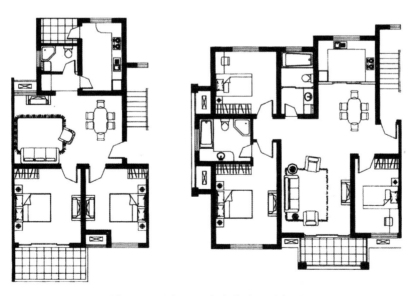

图 3-27 厨房、卫生间相邻布置示意图

　　（2）分离布置。如图 3-28 所示,卫生间布置较灵活,有利于功能分区和公私分区,但管线不集中。

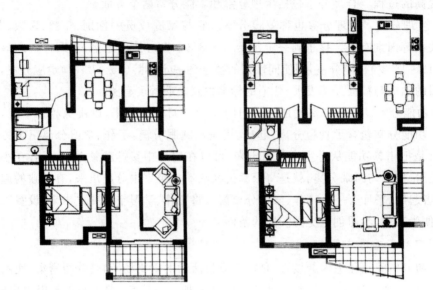

图 3-28　厨房、卫生间分离布置示意图

3.3.2　套型的朝向及通风组织

　　住宅套内房间的朝向选择及通风组织对保证一定的卫生及使用条件影响很大,朝向及通风组织的合理与否是评价套内空间组合质量的一个重要标准。

　　套内各房间的朝向及通风组织与该套住宅在一栋房屋中所处的位置有关,也与套内房间的组合方式有关。一套住宅在一栋房屋中所处的位置有这样几种可能性:位于房屋的一侧只有一个朝向;位于房屋中的中间段,有两个相对朝向;位于房屋的一角,有相邻两个朝向;位于房屋的端部,有多个朝向(图 3-29)。设计中还可以利用平面的凹凸及在房屋内部设置天井来改善朝向及通风条件。

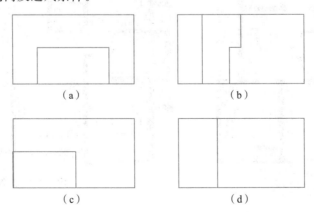

（a）　　　　　　　　　　（b）

（c）　　　　　　　　　　（d）

图 3-29　各套所占朝向示意

现在分别就这几种情况做进一步分析。

1. 每套只有一个朝向

当只有一个朝向时,应避免最不利的朝向,如北方地区应避免北向,南方地区应避免西向。单朝向时,套内房间均临同一面外墙,所以房间内的通风很难组织。图 3-30 的布置方式可用于北方对通风要求不高的地区,在严寒地区能避免寒风吹透,反而成为有利条件。

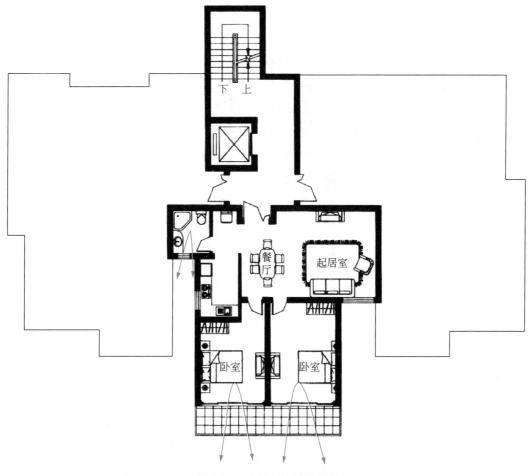

图 3-30 单朝向的通风情况

2. 每套有相对或相邻两个朝向

由于布置方式不同,可以分以下几种情况。

(1) 主要房间(起居室、卧室等)及厨房分别占据两个朝向的外墙。主要房间朝向好,可保证较好的日照条件,但只有单向的主要房间不利于通风组织。由于主要房间与厨房组成一个自然通风系统,当气流方向由厨房吹入时,常将油烟、热气和有害气体带入主要房间(图 3-31)。

(2) 两个朝向都布置主要房间,厨房、卫生间的朝向则不限。这种布置方式应用很广,虽然出现部分主要房间朝向差,但易于组织室内通风(图 3-32)。其通风情况随套内分隔及门窗的开设位置不同而有差异,炎热地区比严寒地区要求高。设计时可根据不同的气候条件进行处理,详见第 5 章。这种布置方式的弊病是当厨房、卫生间处于进气状态时,油烟、热气和有害气体仍可能影响主要房间。在保持平面关系不变的情况下,可以采用设排气井道的方式解决厨房、卫生间的通风(图 3-33)。这种排气井道与烟囱不同,由于没有热压作用,应设置机械排气装置,即使功率很小,也能达到较好的通风效果。

(3)主要房间、厨房与卫生间可组织各自独立的通风系统。但厨房与客厅距入口太远,影响使用。这种布置方式能很好地兼顾朝向和通风,但往往造成房屋进深较浅,用地经济性差(图 3-34)。

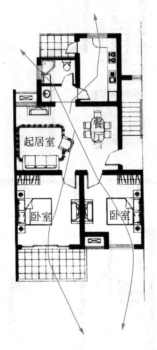

图 3-31　双朝向套型主要房间与厨房组成一个通风系统

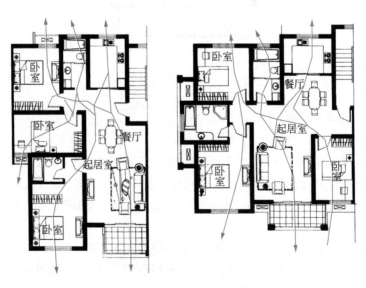

图 3-32　双朝向混合通风系统

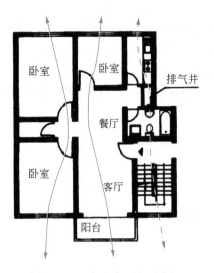

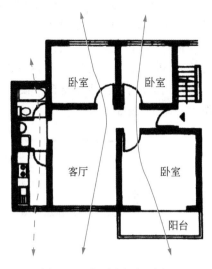

图 3-33 双朝向套型主要房间
有独立的通风系统

图 3-34 主要房间与厨房、
卫生间有各自独立的通风系统

3. 利用平面的凹凸及内部设天井来组织朝向及通风

利用平面的凹凸,可以争取一部分房间获得较好的采光或利于组织局部对角通风(图 3-35)。组织对角通风时,两边开窗的距离宜大些,这样通风效果好,也可减少死角。凸出部位对一部分主要房间可起兜风作用,但对另一部分主要房间则可能起挡风作用。在房屋内部设天井,可以利用天井组织采光及通风(图 3-36)。以上这两种处理方式也常常可以起到增加房屋进深的作用,从而可以节约用地。

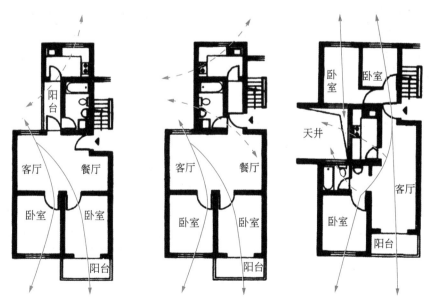

图 3-35 利用平面凹凸组织对角通风　　　图 3-36 利用天井组织通风

当一套住宅临多个朝向时,处理起来比较自由,更容易保证房间的采光和通风条件。

在组织套内通风时还应注意气流在垂直方向的分布情况。在建筑的垂直方向,由于受窗台以下墙面的阻挡,使风向产生向上的偏转。住宅中窗台高度一般为 90cm 左右,窗顶比较接近顶棚,进入室内的气流大部分沿顶棚行进,使室内较低部位不易吹到风。所以南方民居中常使用落地长窗,或在窗台下设可启闭的小窗(图 3-37),也可用窗扇导流,使气流通过工作面及床位(图 3-38)。

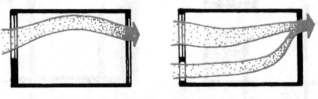

图 3-37 房间剖面开口位置对气流的影响

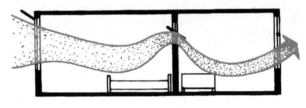

图 3-38 利用窗扇导流

3.3.3 套型的空间组织

套型空间组织的方式多种多样,应充分考虑各种影响因素,才能使得设计的套型满足住户的要求。这些影响因素包括社会经济发展水平、居住标准、户型类别、功能分区、朝向通风和生活习惯等。因此,套型空间组织是千变万化的,其空间效果也是异彩纷呈的。

1. 餐室厨房型(DK 型)

DK(D-Dining room 餐厅,K-Kitchen 厨房)型是指炊事与就餐合用同一空间(图 3-39)。这种套型适用于建筑面积相对较小,家庭人口少的住宅。DK 型空间缩短了餐室、厨房之间的距离,既方便又省时省力。DK 合一后的空间尺度应比单一的厨房有所扩大,使得家人可以同时入内就餐、做家务活,并使得家人之间可以利用短暂的就餐炊事活动交流思想与感情。采用 DK 型空间,必须注意油烟的排除以及采光通风等问题。

DK 型是指将就餐空间与厨房适当隔离,并相互紧邻。这种形式使得就餐空间与燃火点分开,避免了油烟污染,而且就餐空间可以作为家庭的第二起居空间,在不用餐时,可作为家务、会客等活动空间。当厨房带有服务阳台时,可将阳台作为燃火点,而将原厨房改为餐室(图 3-40),这种情况往往在对原有套型进行改造时出现。

2. 小方厅型(BD 型)

BD(B-Bedroom,卧室)套型是将用餐空间与睡眠空间分离,而起居等活动仍与睡眠合用同一空间。其平面特征为用小方厅联系其他功能空间,小方厅同时兼作就餐和家务活动空间(图3-41)。这种套型往往在家庭人口多、卧室不足、生活标准较低的情况下采用。

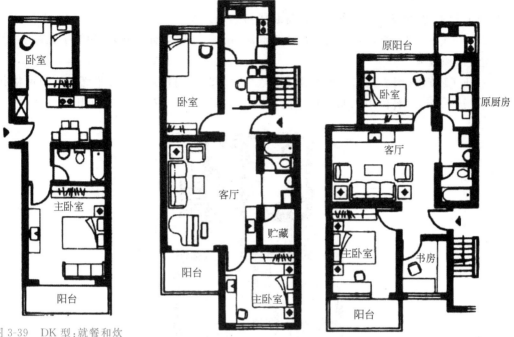

图 3-39 DK 型:就餐和炊
事合用同一空间

图 3-40 DK 型:就餐和炊事紧邻

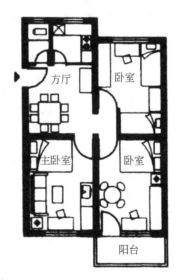

图 3-41 小方厅型方厅兼作就餐空间和交通枢纽

3. 起居型(LBD型)

LBD(L-Living room,起居室)套型是将起居空间独立出来,并以起居室为中心进行空间组织。起居室作为家人团聚、会客、娱乐等的专用空间,避免了起居活动与睡眠的相互干扰,利于形成动静分区。起居室面积相对较大,其中可以布置视听设备、沙发等,很适合现代家庭生活的需要。其形式主要有以下 3 种。

(1) L·BD 型(图 3-42),这种形式仅将起居与睡眠分离。

(2) L·B·D 型(图 3-43),这种形式将起居、用餐、睡眠均分离开来,相互干扰最小,但要求建筑面积较大。

(3) B·LD 型(图 3-44),这种形式将睡眠独立,起居、用餐合一。在平面布置中可将起居室设计成 L 形,用餐位于 L 形起居室的一端,相互之间既分又合,节省面积。

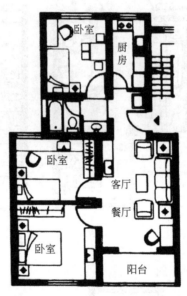

图 3-42　L·BD 型

（a）

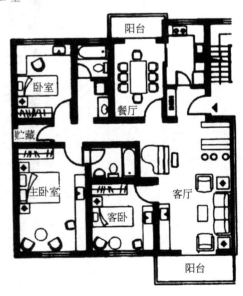

（b）

图 3-43　L·B·D 型

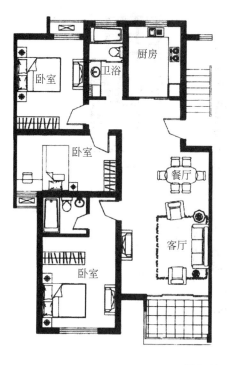
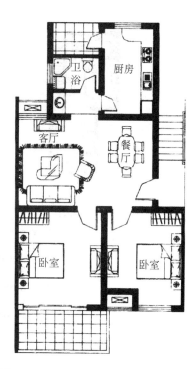

图 3-44　B·LD 型示例

4. 起居餐厨合一型（LDK 型）

LDK 套型是将起居、用餐、炊事等活动设在同一空间内，并以此空间为中心进行空间组织。家庭成员的日常活动都集中在一起，利于家庭成员之间的感情交流，家庭生活气氛浓厚。但由于我国的生活习惯与国外不同，烹饪时油烟很大，易对起居室产生污染，所以这种套型多见于国外住宅。

5. 三维空间组合型

三维空间组合型是指套内的各功能空间不限在同一平面内布置，而是根据需要进行立体布置，并通过套内的专用楼梯进行联系。这种套型室内空间富于变化，有的还可以节约空间。

（1）变层高住宅。这种住宅是进行套内功能分区后，将一些次要空间布置在层高较低的空间内，而将家庭成员活动量大的空间布置在层高较高的空间内（图 3-45）。这种住宅相对来说比较节省空间体积，做到了空间的高效利用，但室内有高差，老人、儿童使用欠方便，且结构、构造较复杂。

（2）复式住宅。这种住宅是将部分用房在同一空间内沿垂直方向重叠在一起，往往采用吊楼或阁楼的形式，将家具尺度与空间利用结合起来，充分利用了空间（图 3-46）。但有些空间较狭小、拥挤。

（3）跃层住宅。跃层住宅是指一户人家占用两层或部分两层的空间，并通过专用楼梯联系。这种住宅可节约部分公共交通面积，室内空间丰富（图 3-47）。在一些坡屋顶住宅中，将顶层处理为跃层式，可充分利用坡屋顶空间。

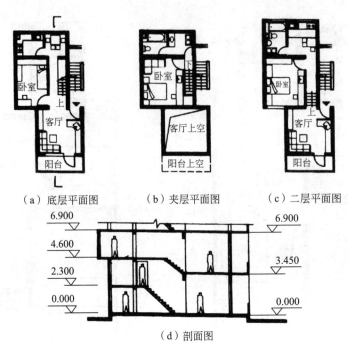

（a）底层平面图　　　　（b）夹层平面图　　　　（c）二层平面图

（d）剖面图

图 3-45　变层高住宅

（a）下层平面图　　　　　　（b）夹层平面图

（c）剖面图

图 3-46　复式住宅

（a）跃层一层平面　　　　　　　（b）跃层二层平面

图 3-47　跃层户型示例

在进行套型空间组织时,除考虑其内部空间组合方式外,还须研究其与户外空间的关系。

城市中的住宅往往层数多、间距小,如何能使得住户享受到大自然的阳光、空气和绿色,是衡量居住环境质量好坏的标准之一。与户外空间的交流,可以通过门、窗、阳台、庭院等媒介进行。位于底层的住户,内部空间与庭院有较方便的联系,庭院也成为家庭活动的组成空间之一。位于高楼层的住户,可以利用阳台(部分阳台可以是两层的)、露台、屋顶退台等达到与室外环境的接近,享受到自然的情调,图 3-48 为几种室内空间与户外关系的示例。

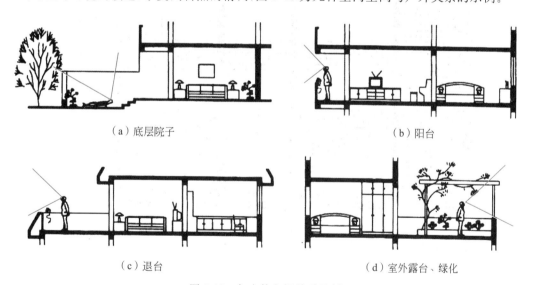

（a）底层院子　　　　　　　　　　　　　（b）阳台

（c）退台　　　　　　　　　　　　　（d）室外露台、绿化

图 3-48　与户外空间关系示例

3.3.4　空间的灵活分隔

套型空间的灵活分隔,是指在不改变建筑结构构件和外围护构件的情况下,住户可以根据自己的意愿重组套内空间,以适应不同的使用需求和不断变化的生活方式。住宅建成

之后，其结构材料的耐久期往往较长，而在耐久期内，住户的户型和生活水平可能发生变化，这就要求有不同的空间组织形式来适应。针对住户的这种变化需求，近年来出现了各种可由住户自己进行灵活分隔的住宅体系，且分隔方式也是多种多样的。

1. 可灵活分隔的住宅体系

（1）SAR 体系住宅。SAR 是 Stiching Architecten Research 的缩写，它是由几位荷兰建筑师开办的一个建筑师研究会。他们提出了将住宅的设计和建筑分为两个部分——支撑体和可分体（或填充体）的设想，并对此提出了一整套理论和方法，我们通常将其称为 SAR 理论或支撑体理论。根据此理论设计和建造的住宅称为 SAR 体系住宅或支撑体住宅。

按照 SAR 理论，住宅的支撑体即骨架，也称不变体，其间可容纳面宽和面积各不相同的套型单元，并在相邻单元之间的骨架墙上的适当位置预留洞口，作为彼此空间调剂的手段。填充体（可分体）为隔墙、设备、装修、按模数设计的通用构件和部件，均可拆装。SAR 体系住宅具有相当大的灵活性和可变性，套型面积可大可小，套型单元可分可合，并为住户参与设计提供了可能。住户可以根据各自家庭的人口情况、生活模式、兴趣爱好与精神需求进行套型空间布置，从而形成不同的平面分隔形式，产生不同的内部和外部居住空间环境，为住宅的多样化创造了条件（图 3-49）。

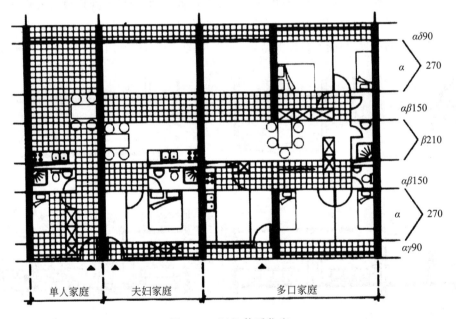

图 3-49 SAR 体系住宅

（2）大开间住宅。这种住宅采用大开间结构，它可以是大开间横墙承重结构，也可以是框架结构。一般是将楼梯间、厨房、卫生间等空间相对固定，形成住宅的不变部位，其余功能用房均包含在大小不等的大开间内，建造时大开间内不作分隔，而是由住户自行分隔，也可由住户选择设计好的分隔菜单。有时厨房、卫生间也能做到灵活可变，但管网布置则较复杂。大开间住宅可以随着住户的户型变化而具有不同的分隔形式，近年来在我国逐步被人们所接受（图 3-50）。

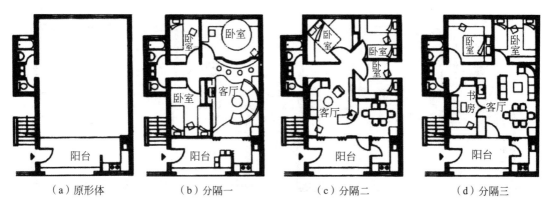

| （a）原形体 | （b）分隔一 | （c）分隔二 | （d）分隔三 |

图 3-50　大开间住宅

2. 灵活分隔的方式

空间的灵活分隔,除采用常见的轻质砖墙或砌块墙、玻璃纤维混凝土条板隔墙、石膏条板隔墙和轻钢骨架隔墙等以外,还有以下常用的分隔形式。

（1）帷幔分隔。主要包括布帘、卷帘等各种软质材料,可将空间进行分隔,避免视线干扰,但隔声差。帷幔取材容易,构造简单,拆装方便,是一种常用的隔断方式(图 3-51)。

（2）折叠式隔断。它是用木质或轻质金属骨架及合成材料制成,在顶棚及地面设置导轨,可灵活拉开或关闭,隔声效果比帷幔好(图 3-52)。

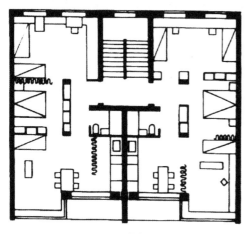

图 3-51　帷幔分隔

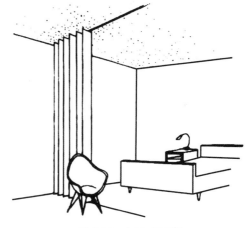

图 3-52　折叠式隔断

（3）灵活隔板。隔板按模数规格分为几种尺寸,顶棚及地面某些部位设置固定装置,可按照设计在户内进行不同拼装。隔板一般做得比较轻,主要采用轻金属外框,内填隔声材料,搬移方便。隔板相对来说要固定一些,不像帷幔和折叠式隔断那样灵活,但隔声效果好。

（4）壁柜式隔断。这种隔断是由多个与房间等高的立柜拼装而成,内部可存放物品,既起到分隔空间的作用,又有实用功能,正越来越多地被采用(图 3-53)。

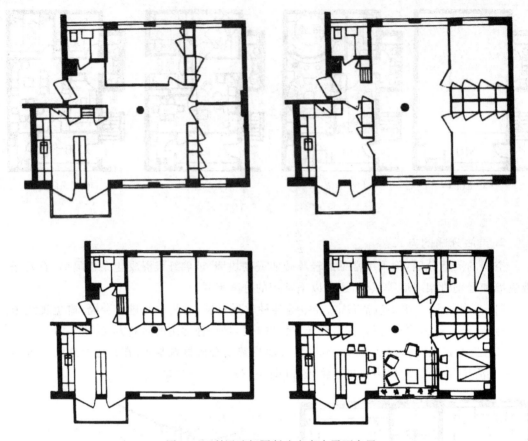

图 3-53 利用壁柜隔断改变套内平面布置

3.3.5 套型模式的发展趋势

套型模式的发展,是与社会生产力发展状况、科学技术的进步、居住标准的提高以及文明程度的进展密切相关的,是一个历史的发展过程,它反映了住宅功能质量的不断提高。图 3-54 为我国生活水平与套型模式发展的关系。

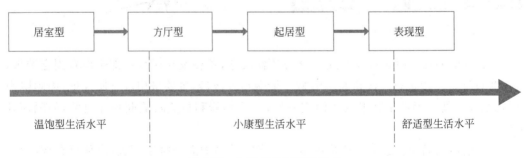

图 3-54 生活水平与套型模式

1. 居室型

居室型平面特征往往是以走道将各居室分隔为相对独立的空间,以能安排家庭成员有床睡眠为基本目标,仅有初步的生理分室。"居室"空间内起居、就餐、就寝等活动混杂,功能空间的专用程度极低,给家庭生活带来许多不便,且厨房、卫生间的空间尺度仅能满足基本的使用要求。因此,居室型套型模式只能适用于居住标准较低的家庭生活要求,故也可称其为"生存型"(图3-55)。

2. 方厅型

方厅型平面特征是餐寝分离,套内的方厅是扩大的交通空间。方厅除了就餐以外还可兼顾家庭团聚、待客、家务等起居活动,克服了部分起居活动与睡眠、学习、休息之间的相互干扰。但由于方厅的尺度和环境尚不能满足家庭起居活动的多种要求,如间接采光通风、缺少良好的视野和空间的内外交融,加上方厅内门洞集中,无法组织起良好的起居空间,故也可称为"温饱型"(图3-56)。在某些地区,也可作为较低的小康水平生活标准。

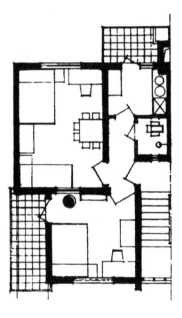 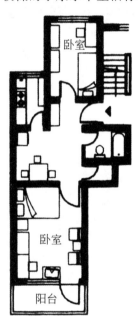

图 3-55　居室型　　　　　　　　图 3-56　方厅型

3. 起居型

起居型平面特征为起居、就寝分离,起居室作为家庭团聚、社会交往、文化娱乐、就餐等活动的主要场所,空间尺度相对较大,有直接的采光与通风,视野开阔。因起居与就寝分离,满足了家庭团聚、就餐、视听等同步活动所需的公共空间,协调了家庭内睡眠、学习、休息等异步活动所需的分离空间,形成了代际之间和睦相处、思想和感情沟通的空间组织。在这种套型模式中,功能空间的专用程度较高,反映了社会文明程度的提高,故也称为"小康型"(图3-57),也是小康水平的一般标准。

4. 表现型

表现型模式体现了当人们拥有了优裕的物质生活的同时,对更高的精神生活的追求。

自我存在的社会价值观成为人们精神上、心理上所追求的目标,在住宅套型中力图表现自己个人的生活方式、兴趣爱好和审美观念,故也称为"舒适型"。在某些条件较好的地区,表现型的初级阶段也可作为小康水平的理想标准。

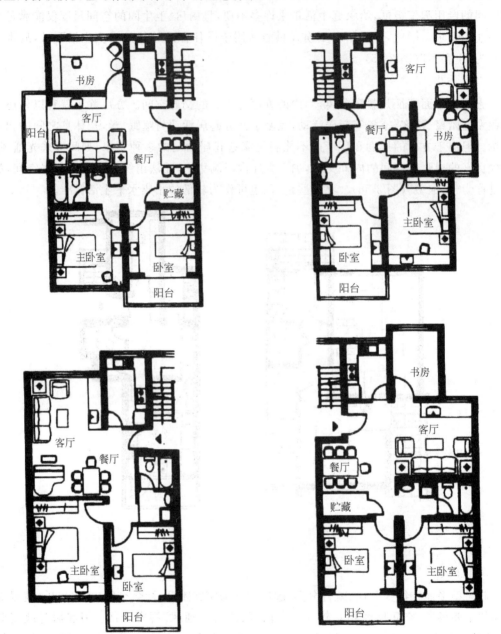

图 3-57　起居型

　　本节所介绍的是套型空间组合设计的有关内容。一栋住宅建筑可以由一套住宅组成,也可由两套或多套拼联而成,更多的是将几套住宅组成一个单元,再由几个单元拼联成一幢住宅建筑,这将在以下几章中分别论述。

学习笔记

第 4 章　装配式住宅造型设计

住宅是居民生活、休息的场所。与人们生活息息相关的不仅是住宅的使用功能,其美观问题也是住宅设计的一个重要方面,尤其当人们的生活和文化素养达到一定的水平,人们对住宅外观的要求也会日益提高。设计优秀的住宅,不仅可以为家庭生活提供舒适的物质环境,还可以营造亲切、温暖、宁静的家庭气氛,给人以精神、感官上的愉悦。

4.1　概　　述

在我国目前的条件下,适用、经济依然是住宅设计的出发点。因而,住宅,尤其是大量建造的城市住宅,其形式受到内部空间和经济条件的严格制约,功能和经济的条件约束了进深、开间、层高和内部空间的组织,同时也相应地约束着住宅的外部造型。

微课:装配式住宅造型设计

建筑材料及结构体系对住宅的形式也有很大的影响。建筑物整体比例及其外形上的虚实处理,一般较少受建筑材料的约束和影响;但是,不同的建筑材料仍会表现出不同的甚至差异很大的外形。如石材、木料、砖、钢筋混凝土平屋顶与木构瓦顶(适应不同气候有多种形式变化),能表现出具有不同特征的住宅外形(图 4-1)。砖、钢筋混凝土混合结构、大型壁板、大模板以及框架轻板等不同体系,也可产生不同的住宅外形。这些材料的质地、色泽不尽相同,构成的建筑外形也以其特有的质感、材料对比和色彩变化,给人以不同的印象。

此外,地理、气候等自然条件对住宅外形的影响,使之产生了山地、平原,寒冷地区、热带地区等的差异。

除了自然条件对住宅外形的制约外,人们生活的社会条件对住宅的造型也有很大影响。这些社会因素如社会的居住形态,人的思想意识,地区和民族的历史文化、宗教信仰,以至于人们的审美观念等,都会在很大程度上影响住宅的外观造型。由于在一定的历史时期,社会的意识形态和历史文化都具有一定的特点,因而住宅的造型也具有时代性。

无论在古代还是现代的城市中,居住建筑都是大量性的,而为数相对较少的公共建筑却往往扮演着城市舞台的主角。因此,为了"衬托"公共建筑的主要地位,住宅在城市中应起到"底"(背景)的作用,即追求统一的基调、质朴的风格和亲切的气氛,尤其是大片建造的居住区更应如此。但是,这样并不等于住宅只能设计成单一的外观形式。应根据其坐落位置和对景观的影响作用不同,而采取相异的处理。同时,高层、多层、低层住宅的造型处理,也因其重点不同而有所差别。

　　本章虽然着重介绍住宅单体的造型设计,但是目前住宅的发展趋势表明,住宅单体与群体越来越密不可分。对于大片新建的住宅区,建筑的群体形象比单体的造型更具有鲜明的特点和效果。对闲暇生活的重视,使人们的生活空间由室内向室外扩展,环境设计已经成为建筑设计的一个重要方面。人们对邻里交往、社会交流的渴望,更要求建筑师重视建筑以外的环境与群体。

（a）砖、钢筋混凝土平屋顶住宅（瑞士必恩纳）

（b）木构坡顶住宅（美国）

（c）木构坡顶住宅（无锡）

图 4-1　不同的建筑材料对住宅外形的影响

4.2　装配式住宅的整体形象

4.2.1　体型与体量

　　住宅的体型是多样的。独立式、并联式和联排式低层住宅的体量特征是小巧、丰富。多层、高层住宅则体量较大,体型相对简单,并富有较强烈的节奏感。

　　住宅设计一般采用均衡体型,即静态造型,包括对称的和不对称的均衡,这种体型给人以稳定感(图 4-2)。对于一些独立式小住宅,为了突出个性或吸引人的视线,有时采用不均衡的体型以产生运动感,或创造矛盾、冲突等强烈的视觉效果(图 4-3)。

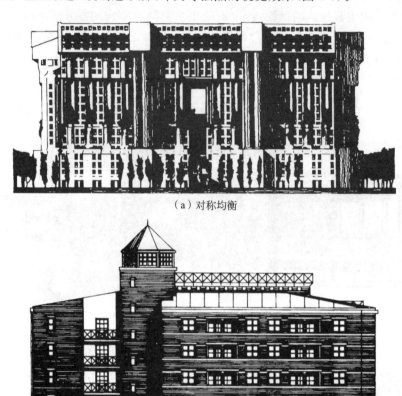

(a)对称均衡

(b)不对称均衡

图 4-2　均衡造型的住宅

图 4-3　采用不均衡造型,富于个性的小住宅

　　人对均衡体型的心理体验,主要是通过对轻重的感觉来实现的。一般来说,垂直线条比斜线感觉重,圆形比方形感觉重,粗糙的比光滑的感觉重,实体比通透的感觉重,红色的比蓝色的显得重,令人感兴趣和出乎意料的比平淡无奇的显得重。在处理住宅立面的视觉中心和整体造型的均衡关系时,合理巧妙地运用这些心理体验,有时可以取得事半功倍的效果。

　　城市集合住宅的基本体型大致可以分为横向和垂直两种(图 4-4)。住宅体型的设计,在平面设计时就应同时考虑。如将塔式高层住宅的平面处理成矩形、Y 形、十字形、井字形等,其体型往往比较挺拔(图 4-5)。当由于结构、层数等多方面的原因,体型比例不好时,应尽可能加以处理。如点式中高层住宅体型处理不好会使之笨重,可适当改变层数并且加以垂直处理,打破其笨重的方形比例(图 4-6)。又如,横向体型的住宅因透视的关系,在水平方向往往感觉缩短;垂直体型的住宅受透视影响,在高度上常常感觉降低。考虑这种视觉效果,一般需要在尺度和比例上加以修正。

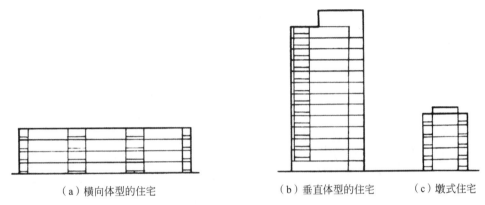

（a）横向体型的住宅　　　　　（b）垂直体型的住宅　　　（c）墩式住宅

图 4-4　横向和垂直方向体型的住宅

图 4-5　垂直体型的高层住宅

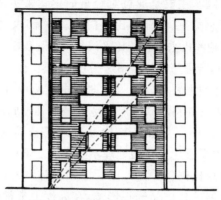

图 4-6　调整后墩式住宅的体型

许多住宅设计经常通过体型的变化和体量的对比来创造丰富的视觉效果（图 4-7～图 4-12），其前提是住宅的面积、功能、结构等对住宅的限制相对较少。我国住宅目前虽仍较多地受经济、标准等条件的制约，但还是可以通过内部套型和面积的调整来实现体型的变化（图 4-13 和图 4-14）。在体量对比方面，可以通过单元之间不同的连接方式实现，也可以用局部构件的凹凸（如阳台、梁、板、柱、檐口等）与大面积的直墙形成对比（图 4-15）实现。

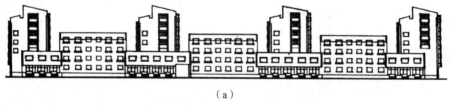

（a）

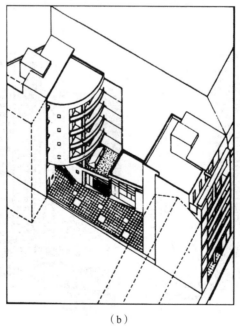

（b）

图 4-7　体型的对比变化

图 4-8　体型适应气候和环境

图 4-9　体型变化

图 4-10　阳台错位出挑，形成雕塑感

图 4-11　结合空中花园或活动空间的处理

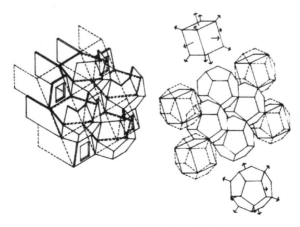

图 4-12　结构与施工的影响

图 4-13　调整各层套型数量形成退台，使每户都有露台花园

（a）条式住宅北向退台，端部降低层数

（b）点式住宅逐层退台，端部降低层数

（c）合院式住宅南向退台，并拼联成连续的四合院

图 4-14　逐层递减套型面积形成变化的体型

图 4-15 体量的对比

4.2.2 尺度的把握

住宅的尺度就是建筑物与人体的比例关系。尺度较大的建筑,给人的感觉是庄严、神圣、气派、难以接近;而尺度较小的建筑则使人觉得亲切、易于接近和具有人情味(图 4-16)。古代民居一般都为单层或低层,尺度较小,适于人居住(图 4-17)。而现代建筑的层数大大增加,若细部处理不当,就会给人以冷漠无情的感觉。因此,住宅建筑在设计中应该选择适宜的尺度。

(a)巨大尺度的城市

(b)小尺度的建筑

图 4-16 建筑的尺度

图 4-17　某住宅

　　为了缩小住宅的尺度,可以采用化整为零的方法,即通过材料、质感、色彩的变化和构件、洞口的凹凸,使大的墙面尺度变小(图 4-18)。另外,将住宅单一的外形轮廓改变为曲折复杂的外形,也可以起到减小尺度的作用(图 4-19)。

图 4-18　化整为零,缩小住宅尺度

图 4-19 改变住宅单一外形,减小尺度

4.2.3 个性的体现

住宅的个性体现首先应遵循住宅总体的性格原则,即城市的背景和亲切宜人的尺度。但是这并不等于住宅都是单一的面孔。在不同的环境中,要求住宅体现不同的个性或风格。

我国住宅的风格可谓多姿多彩,既有亲切淳朴,也有创新独特;既反映时代特征,也反映不同文脉继承。文脉继承倾向的表现又分为地域文化倾向和西方古典风格倾向。所谓地域文化倾向,主要是从我国传统民居中吸收营养,体现地域的文化特征(图 4-20);具有西方古典风格的住宅建筑多分布于一些特定的城市,如上海、天津、青岛、哈尔滨等(图 4-21)。同时,在越来越多的旧城住宅改造设计中,也充分注意使住宅风格与周围环境相协调(图 4-22 和图 4-23)。

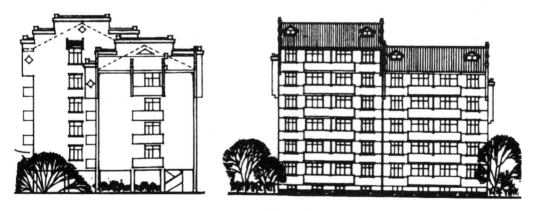

图 4-20 地域文化倾向

图 4-21　西方古典风格倾向

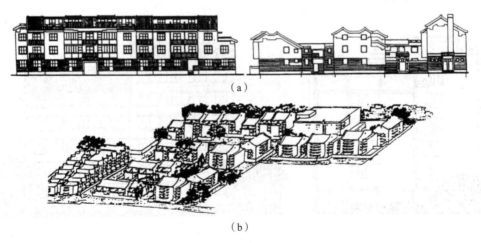

图 4-22　旧城改造实例

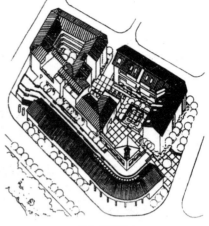

（a）今日多层住宅　　　　　　　　（b）康居住宅

图 4-23　旧城改造设计

　　值得注意的是,住宅设计中的关键是适度,在强调个性的同时,更应注意整体的其他方面。尤其是对传统民居的借鉴,不能忽略尺度的把握,既不能简单地按比例放大,也不能以原尺寸堆砌,否则效果会适得其反,更应该提倡在继承的基础上有所创新。

4.3　立面构图的规律性

4.3.1　水平构图

　　水平线条划分立面,容易给人以舒展、宁静、安定的感觉,尤其是一些多层、高层住宅,常常采用阳台、凹廊、遮阳板、横向的长窗等来形成水平阴影,与墙面形成强烈的虚实对比和有节奏的阴影效果,或是利用窗台线、装饰线等水平线条,创造材料质地和色泽上的变化(图 4-24)。

图 4-24　住宅的水平构图(法国萨伏伊别墅)

4.3.2 垂直构图

有规律的垂直线条和体量可令建筑物形成节奏和韵律感,如高层住宅的垂直体量以及楼梯间、阳台和凹廊两侧的垂直线条等,均能组成垂直构图(图 4-25)。

图 4-25 垂直线条构图

塔式住宅为垂直的体型,对这种体型的住宅加以水平分隔处理,可以打破垂直体型的单调。将遮阳板、阳台、凹廊等水平方向的构件组合处理后,可以形成垂直方向的韵律(图 4-26)。

图 4-26 水平构件组合形成垂直方向的韵律

4.3.3 成组构图

住宅常常采取单元拼接组成整栋建筑。在这种情况下,外形上的要素,如窗、窗间墙面、阳台、门廊、楼梯间等往往多次重复出现,这就是自然形成的住宅外形上的成组构图。这些重复出现的种种要素并无单一集中的轴线,而是通过若干均匀而有规律的轴线形成成组构图的韵律(图 4-27)。

图 4-27 成组构图

4.3.4 网格式构图

网格式构图是利用长廊、遮阳板或连续的阳台与柱子,组成垂直与水平交织的网格。有的建筑则把框架的结构体系全部暴露出来,作为划分立面的垂直与水平线条(图 4-28)。网格构图的特点是没有像成组构图那样节奏分明的立面,而是以均匀分布的网格表现生动的立面。网格内可能是大片的玻璃窗、空廊或阳台,也可能是与网格材料、色彩、质感对比十分强烈的墙面,墙面中央是窗。

图 4-28 网格构图的住宅

4.3.5 散点式构图

在住宅建筑外形上的窗、阳台、凹凸的墙面或其他组成部分,均匀、分散地分布在整个立面上,就形成散点式构图(图 4-29)。这种构图方案一般可能表现得比较单调,但如果利用色彩变化,或适当利用一些线条与散点布局相结合,即可打破这种单调的立面。在一些错接或阶梯式住宅中,由于不便把整栋住宅的阳台、窗、墙或其他组成部分组织在一起,只能在其复杂、分散的体量上进行这种散点处理。某些跃层式住宅的外形,由于内部处理使得阳台是间隔出现,而非连续地大片布置在立面上,从而也会在立面上形成散点状的阳台布局,打破了一般常见的成组构图处理手法。这种散点布置的阳台,如在阳台栏板上施以不同色彩会更为生动。垂直体型的塔式住宅也可以不加水平线条处理,而任其自然地分散布置窗、阳台等,这种分散布置也给住宅外形以生动的效果(图 4-30)。

(a)利用阳台形成散点构图　　　　　(b)利用材料对比与质感组织散点式立面

图 4-29　多层住宅的散点式构图

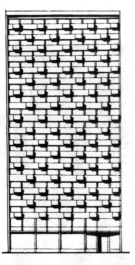

(a)跃层式住宅间歇出现的阳台形成散点　　　(b)以悬挂的外墙板与叠落的阳台形成散点

图 4-30　高层住宅的散点式构图

4.3.6 自由式构图

现在,随着住宅多样化的发展趋势,越来越多的住宅不拘泥于简单的形式,或将以上各种构图手法混合使用,或采用自由式构图以体现住宅的个性,或由于某些特殊的原因而形成特殊的外形,令住宅的造型和立面更加丰富多彩(图 4-31)。

还有许多顺坡建造的住宅,也可组成各种韵律,表现出节奏感(图 4-32)。此外,还有按照规划、地形的需要设计的曲线形带状住宅,形成柔和而弯曲的优美外形(图 4-33)。

图 4-31 住宅的自由式构图

图 4-32 顺坡建造的住宅

图 4-33 曲线形住宅

4.3.7 住宅外形处理中构图规律的应用

　　住宅内部空间的比例和尺度，一般取决于家具尺寸和人体活动的需要。所以长、宽、高比例合适的空间给人以舒适感，反映在外形上也是美观的。局部如门窗的高、宽和比例尺度，也是由功能的需要来决定的，因而一般不致产生尺度、比例失常的现象。

　　在进行住宅外形设计时，无论是水平、垂直、成组、网格、散点等构图手法，还是自由式外形，都必须首先推敲处理好整体与各组成部分之间的比例关系。同一建筑，由于不同的构图处理，可以获得不同的立面效果（图 4-34），同时还可以利用这种方法来调整建筑物的整体比例。

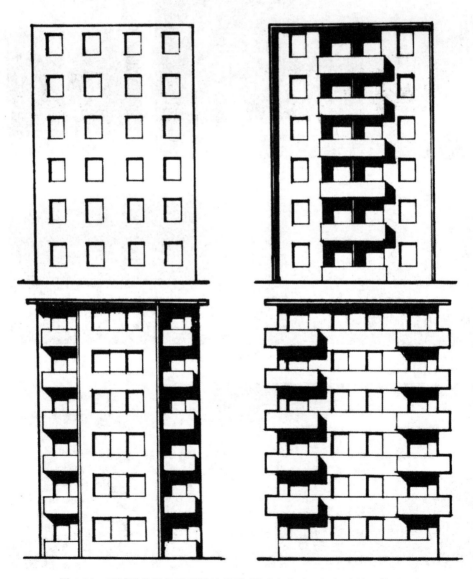

图 4-34　不同手法可得到不同的外形，同时也有助于调整建筑整体的比例

4.4　装配式住宅的细部处理及材料、质地和色彩设计

4.4.1　低层住宅的细部处理

对于低层住宅来说,屋顶、外墙、门窗、入口等都是细部设计的重点。

当我们看到一幢小住宅的外形时,印象最深的就是屋顶。屋顶除了防雨、遮阳、隔声的功能以外,还可以表现该住宅的个性,是住宅的象征(图 4-35)。常见的屋顶形状有单坡形、小檐形、双坡形、四坡形、弧形、蝴蝶形、平顶形、自由形等。屋顶材料中最普遍的是瓦和彩色铁板。

图 4-35　屋顶是小住宅个性的象征

早期的现代建筑,外墙就是外观的全部,至今外墙依然占很重要的地位。外墙的材料多种多样,有木材、黏土砖、空心水泥砖、混凝土以及各种金属板、复合材料板,外面还可以喷油漆、做各种抹灰、彩色喷涂、贴面砖或石材等。

窗子等于住宅的"眼睛",不仅有采光、通风的作用,从窗内还可以眺望外面的景色,而且窗是影响住宅外观的重要因素,直接影响立面的构图和虚实对比,也是影响住宅风格的重要方面。

另外,小住宅的一些局部构件,如挑台、壁炉、入口、花台、围墙等若处理得当,不仅可以调整水平或垂直方向的构图,还能丰富住宅的形象。

低层住宅一般尺度较小,常能给人以亲切感和人情味,若借鉴民居的传统处理手法,如屋顶、山墙或挑檐的细部处理,更能使其具有历史文脉的延续性和明显的地区特征(图 4-36～图 4-39)。

图 4-36　加拿大温哥华联排住宅

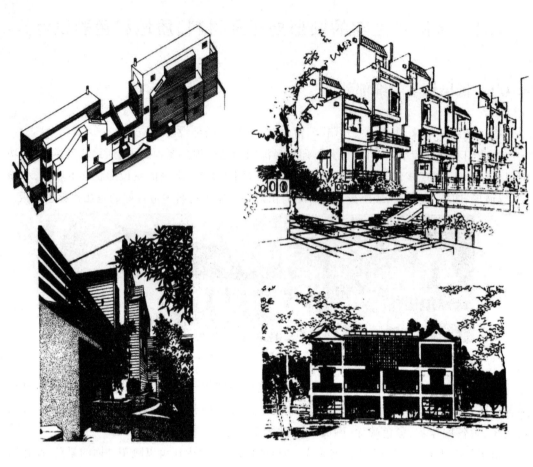

图 4-37　美国洛杉矶住宅　　　　　　　　图 4-38　具有民居韵味的低层住宅

图 4-39　德国亚琛联排住宅

4.4.2 多层住宅的细部处理

1. 屋顶

随着建筑手法的多样化,住宅设计一改过去只考虑正立面与侧立面的做法,屋顶成为住宅的第五立面,逐渐趋向于用各种形式的屋顶取代屋顶,顶部的设计日趋成为立面设计的重点(图 4-40)。这样可以将檐口(屋顶)作为地方特色的标志。在屋顶的处理上,可以将坡屋顶与退台相结合,也可以将平屋顶与坡屋顶结合成变层高屋顶,屋顶内部的空间一般作阁楼利用(图 4-41)。

图 4-40 多层住宅的坡屋顶用作屋顶绿化

 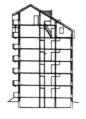 

（a）局部退台和跃层　　　（b）坡屋顶、退台和跃层　　　（c）错层、坡屋顶和跃层

（d）局部坡屋顶与退台　　　（e）双坡屋顶与局部平屋顶　　　（f）双坡错接与局部阁楼

图 4-41 顶层空间的处理

2. 山墙

以往的住宅山墙处理比较平淡,因此许多山墙沿街的立面为避免单调不得不布置一些东西向住宅。目前国内常见的山墙处理手法:利用坡屋顶使山墙的轮廓更活泼生动;吸取传统民居的细部做法,创造出具有地方特色的山墙设计(图 4-42);利用边单元的特殊布置,调整单调的山墙设计,使之成为正立面的延续,从总体布局上对住宅外形进行创新,打破原有的立面概念(图 4-43)。

图 4-42 吸取民居细部处理手法的山墙处理

图 4-43 山墙成为正立面的延续

3. 阳台

阳台也是立面的重要构成元素,阳台凹凸的体量可以形成光影变化;阳台的不均匀设置,色彩的不规则处理,都可为立面创造平面构成的效果;阳台护栏设施的变化,可以创造活泼的个性。此外,阳台还可以作为立体绿化的载体(图 4-44)。

图 4-44　阳台的变化

4. 单元入口

住宅的单元入口应鲜明突出,具有识别性。单元入口可以与楼梯间统一设计,并与周围的环境相融合(图 4-45)。有的住宅单元入口设于二层,可与室外楼梯、坡道、平台相结合(图 4-46)。为了使入口景观更佳,应注意避免垃圾道出口给人脏乱的感觉。

（a）　　　　　　　　　　　　　（b）

（c）　　　　　　　　　　　　　（d）

图 4-45　单元入口与楼梯间结合处理

图 4-46　设于二层的住宅入口处理

在考虑住宅单体造型设计的同时,也要考虑室外环境及其与住宅的关系。统一设计是增强住宅识别性的有效途径。统一设计的范围主要是住宅细部和环境小品的设计,如单元入口、阳台、檐口、垃圾道、烟道、院门、自行车棚、路灯、座椅、花坛、铺地、栏杆等。住宅的统一设计一般以组团或庭院为一个邻里单位,一方面增加识别性,另一方面可以加强领域感。

4.4.3　中高层和高层住宅的细部处理

高层住宅体量巨大,在细部设计中与低层和多层住宅不同。因高层住宅的底部几层与人较接近,需要做重点处理。一般通过细部设计使其尺度减小,而入口处是重点处理的部位(图 4-47)。高层住宅顶部在视觉上给人以"第一印象",是识别性的重要标志,也是形成城市天际轮廓线的组成部分。有时因为选址的缘故,高层住宅作为对景或视觉的重点,在城市景观中起重要作用,这时往往对其顶部进行重点处理,使其具有独特的个性和鲜明的标志性。高层住宅顶部的处理一般有这样几种手法:①将电梯机房和水箱间进行

图 4-47　高层住宅的底部入口处理

重点处理,使其具有标志性(图 4-48);②住宅顶部几层结合电梯机房等做特殊处理,或层层退台,或改变材料和颜色(图 4-49 和图 4-50)。

图 4-48 高层住宅顶部电梯机房、水箱间的重点处理

图 4-49 综合处理的高层住宅顶部

（a）　　　　　　　　　　　　　　　（b）

图 4-50 某居住区综合体

高层住宅的中部从整体上看是视觉的过渡部分，一般开窗的比例、墙面的对比关系以及阳台的布置形成节奏与韵律，要特别注意整体的统一与协调(图 4-51)。

　　中高层住宅由于和多层住宅的尺度接近,因而在细部设计上可以借鉴多层住宅的处理手法(图 4-52 和图 4-53)。

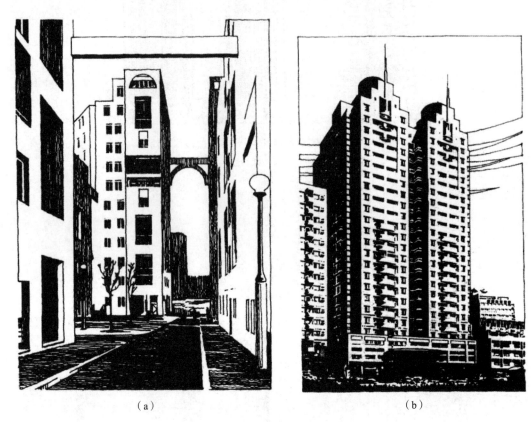

（a）　　　　　　　　　　　　　　　　　　（b）

图 4-51　高层住宅的中部处理

图 4-52　中高层住宅的细部处理(一)

图 4-53　中高层住宅的细部处理(二)

4.4.4　装配式住宅建筑的外部材料、质地和色彩设计

住宅建筑的材料色彩和质感,对住宅建筑的外形美观起着很重要的作用(图 4-54)。世界上有些国家如墨西哥等,因其特殊的地域和文化背景而对鲜艳的色彩情有独钟。然而多数国家和地区的住宅,一般都以较浅的、明快的调和色(如浅黄、浅灰、浅绿等)或木材、砖墙等自然色为主要基调,而不将对比色或对比强烈的色彩大面积使用;强烈的、鲜艳的对比色可以作为局部的重点装饰,与大面积的墙面色彩形成对比。浅色的大面积调和色调比较容易取得亲切感;而深色墙面如红砖墙面、棕色面砖等配以深浅不同的窗台、窗框等作为对比,也常常为人们所喜爱。有些住宅墙面上饰以深浅和色调不同的水平或垂直色块、色带,可以使住宅的外形更为生动。国外有的住宅建筑,使用丰富多彩的色块装饰阳台栏板、凹阳台内侧墙面,从透视中可以得到很好的效果(图 4-55)。

图 4-54　外墙的质感表现住宅的性格

图 4-55 外墙的色彩和质感设计

　　充分利用材料本身的色彩和质感,如红砖与白水泥的门、窗套,浅而光滑的阳台栏板与粗糙的深色大板粘石面层对比,都有很好的视觉效果。但是,住宅建筑材料毕竟不如公共建筑丰富,而且使用单一材料的情况较多,墙面变化不大,建筑材料的质感对比不多。住宅建筑的外墙面粉刷和色彩,以不需时常维护为宜,用不褪色的颜料可减少维护费用。

学习笔记

第5章 装配式多层住宅设计

5.1 装配式多层住宅的设计要求及平面组合分析

我国现行《民用建筑设计通则》(GB 50352—2019)规定,4～6层的住宅为多层住宅。

从平面组合来说,多层住宅不是把低层住宅简单地叠加起来,它必须借助于公共楼梯来解决垂直交通,有时还需设置公共走廊来解决水平交通,因而多层住宅的设计有其本身的特点,与低层及高层住宅比较,有明显的不同。一般来说,多层住宅用地较低层住宅节省,造价比高层住宅经济,适合于一般的生活水平,所以在国内外都是大量建造的。但多层住宅不及低层住宅与室外联系方便,且楼层住户缺乏属于自己的私家庭院,居住环境没有低层住宅优越。同时,按照《住宅设计规范》(GB 50096—2011)的规定,多层住宅虽然不要求必须配置电梯设备,但一般3层以上的垂直交通仍感不便。因此,我国《住宅设计规范》(GB 50096—2011)强制性条文规定,7层及7层以上住宅或住户入口层楼面距室外设计地面的高度超过16m的住宅必须配置电梯。如果顶层是跃层式住宅套型,则建筑可做到7层。

多少层开始设置电梯是一个居住标准问题,各国标准不同。在欧美一些国家,一般规定4层起应设电梯;苏联、日本及我国台湾省规定6层起应设电梯。我国目前的标准还是比较低的,有的城市甚至建到8层或9层还不设电梯,这是违反《住宅设计规范》(GB 50096—2011)规定的。这类住宅在使用上极为不便,特别是对老、弱、残者上楼或搬运重物时更为困难。随着人民居住生活水平的提高,目前已有少数高档住宅4层即有电梯配置,这表明今后规范要求设置电梯的住宅层数还可能进一步降低。

5.1.1 单元的划分与组合

为了适应住宅建筑的大规模建设,简化和加快设计工作,统一结构、构造和方便施工,常将一栋住宅分为几个标准段,一般就把这种标准段叫作单元。以一种或数种单元拼接成长短不一、体型多样的组合体,这种方法被称为单元设计法。

单元的划分可大可小。多层住宅一般以数户围绕一个楼梯间来划分单元,这样能保证各户有较好的使用条件。有时可以按户或相邻的几个开间来划分,再配以楼梯间单元(图5-1)。为了调整套型方便,单元之间也可咬接(图5-2)。咬接的单元,也可以楼梯间为界来划分(图5-3)。转角单元用于体型转角处,或用于围合院落。插入单元是为调整组合体长度或调整套型而设的。

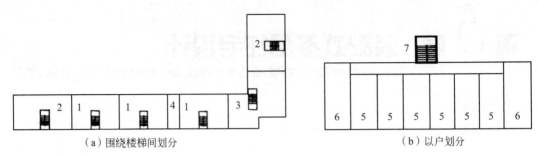

图 5-1　单元的划分

1—中间单元；2—尽端单元；3—转角单元；4—插入单元；5—中间户单元；6—尽端户单元；7—楼梯间单元

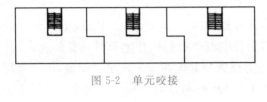

图 5-2　单元咬接

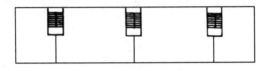

图 5-3　以楼梯间为界划分单元

1. 单元组合体拼接一栋住宅的设计原则

（1）满足建设规模及规划要求。组合体与建筑群布置密切相关，应按规划要求的层数、高度、体型等进行设计，并相应考虑对总建筑面积及套型等的要求。

（2）适应基地特点。组合体应与基地的大小、形状、朝向、道路、出入口等地段环境相适应。

2. 单元组合拼接的常见方式（图 5-4）

（1）平直组合。体型简洁、施工方便，但不宜组合过多，以免长度过长。

（2）错位组合。适应地形、朝向、道路或规划的要求，但要注意外墙周长及用地的经济性。可用平直单元错拼或加错接的插入单元。

（3）转角组合。按规划要求，要注意朝向，可用平直单元直接拼接，也可增加插入单元或采用特别设计的转角单元。

（4）多向组合。按规划考虑，要注意朝向及用地的经济性。可用具有多方向性的一种单元组成，还可以套型为单位，利用交通联系组成多方向性的组合体。

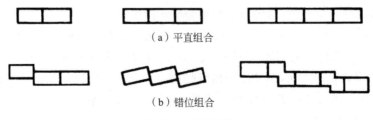

（a）平直组合

（b）错位组合

图 5-4　单元组合

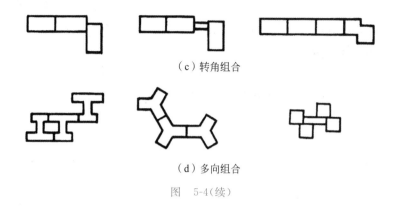

（c）转角组合

（d）多向组合

图 5-4（续）

5.1.2 设计要求

1. 套型恰当

按照国家规定的住宅标准和市场需求,恰当地安排套型,应具有组合成不同套型比的灵活性,满足居住者的实际需要。可组成单一套型的单元,也可组成多套型的单元。单一套型的单元,其套型通常比在组合体或小区内平衡;多套型的单元则增加了在单元内平衡套型比的可能性。单元中套型选择使用平衡灵活方便的套型比,并便于单元内的平面组合。

2. 使用方便

平面功能合理,动静分区明确,并能满足各户的日照、朝向、采光、通风、隔声、隔热、防寒等要求。在设计中应保证每户至少有一间居室布置在良好朝向,在通风要求比较高的地区应争取每户能有两个朝向;而对通风要求不高的地区,可组合成单朝向户。朝东、南、西方向皆可满足日照要求。

3. 交通便捷

尽可能压缩户外公共交通面积,并避免公共交通对户内的干扰。各户进户入口的位置要便于组织户内平面。

4. 经济合理

提高面积的使用率,充分利用空间。结构与构造方案合理,构件类型少,设备布置要注意管线集中。采取各种措施节地、节能、节材。

5. 造型美观

能满足城市规划的要求,立面新颖美观,造型丰富多样。

6. 通用性强

住宅单元常具有通用性,或作为标准设计在一定地区内大面积推广使用。这就要求有良好的使用条件及较好的灵活性、适应性,对构件的统一化、规格化、标准化提出了更严格的要求,并要求建筑处理多样化,便于住户参与和适合今后的发展。

7. 环境优美

住宅环境包括室内空间环境和外部空间环境。广义地说,它涉及物理环境、心理环境、社会环境、交通环境、绿化环境等方面。要考虑邻里交往、居民游憩、儿童游戏、老人休闲、安全防卫、绿化美化以及物业管理等各种需求。

在设计时,应对这些要求综合加以考虑,不宜强调一点而忽视其他因素,并要针对当时、当地的具体情况,抓住各个阶段设计中的主要矛盾予以解决。有些因素,如住宅标准、套型、立面处理、节约用地、外部空间环境等还将在以后各章内阐述。这里重点要解决的是在多层条件下,套型与单元的组合问题。

5.1.3 交通组织

多层住宅以垂直交通的楼梯间为枢纽,必要时以水平的公共走廊来组织各户。由于楼梯和走廊组织交通以及进户入口方式的不同,可以形成各种平面类型的住宅(图 5-5)。

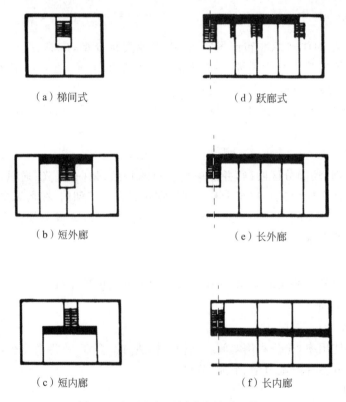

（a）梯间式 　　　　　　（d）跃廊式

（b）短外廊 　　　　　　（e）长外廊

（c）短内廊 　　　　　　（f）长内廊

图 5-5　交通组织不同形成的平面类型

1. 围绕楼梯间组织各户入口

这种平面类型不需公共走廊,称为无廊式或梯间式,其布置套型数有限。

2. 以廊组织各户入口

布置套型数较多。各户入口在走廊单面布置,形成外廊式;在走廊双面布置形成内廊式。随走廊的长短又有长外廊、短外廊、长内廊和短内廊之分。

3. 以梯廊间层结合组织各户入口

梯廊间层结合即隔层设廊,再由小梯通至另一层就形成跃廊式。

楼梯服务户数的多少对适用、经济都有一定影响。服务户数少时较安静,但不便于邻里交往。服务户数增加则交往方便,但干扰增大。为节省公共交通面积可适当增加服务户数,但若因增加户数而过多增长公共走廊,虽有利于邻里交往,从经济上说并不划算(图5-6)。

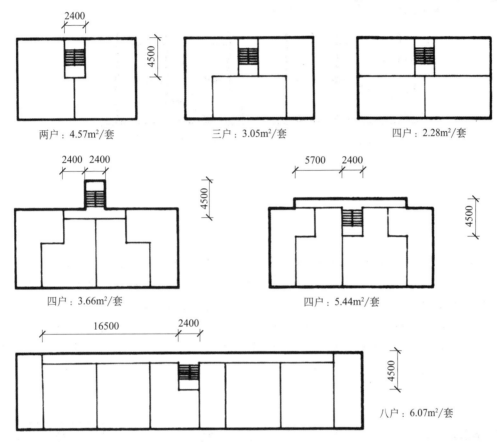

图 5-6 每户平均公共交通面积的比较

多层住宅常用的楼梯形式是双跑楼梯、单跑楼梯和三跑楼梯。多层住宅楼梯梯段净宽(楼梯梯段净宽指墙面装饰面至扶手中心之间的水平距离)较低层住宅宽,不小于1100mm;不超过6层的住宅一边设有栏杆的梯段净宽可不小于1000mm。因为考虑到方便地搬运家具及大件物品,楼梯平台宽度除不应小于梯段宽度外,且不得小于1200mm。楼梯坡度比低层住宅平缓而较公共建筑陡,常用的踏步高宽范围是(155~175)mm×(260~280)mm。双跑楼梯面积较省,构造简单,施工方便,采用较广。当楼梯间垂直于外墙布置,休息平台下的高度(净高不应低于2000mm)不足以供人通行时,常见的处理方式如图5-7所示。单跑楼梯连续步数多,回转路线长,虽面积较大,但回转平台长,便于组织进户入口,常用于一梯多户的住宅。三跑楼梯最节省面积,进深浅,利于墙体对直拉通,但构造较复杂,平台多,中间有梯井时,易发生小孩坠落事故,应按规范采取安全措施。在国外还有采用弧形单跑或双跑楼梯的,国内则很少采用。

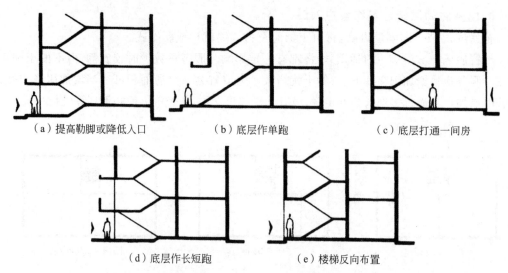

（a）提高勒脚或降低入口　　　　（b）底层作单跑　　　　（c）底层打通一间房

（d）底层作长短跑　　　　（e）楼梯反向布置

图 5-7　双跑楼梯底层入口处理

5.1.4　朝向、采光、通风与套型布置

　　保证每户有良好的朝向、采光和通风是住宅平面组合的基本要求。一般说来，一户能有相对或相邻的两个朝向时，有利于争取日照和组织通风；而一户只有一个朝向时，则日照条件受限，且通风较难组织。户型的朝向、采光和通风与单元的临空面密切相关。与其他单元拼接的则视其拼接地位不同而各异（图 5-8 和图 5-9）。不与其他单元拼接的独立单元，四面临空，称为点式或独立式，其分户比较自由（图 5-10）。利用平面形状的变化或设天井时，可增加内外临空面，有利于通风采光（图 5-11）。

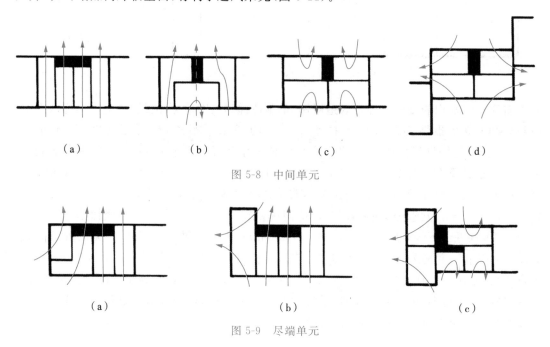

（a）　　　　（b）　　　　（c）　　　　（d）

图 5-8　中间单元

（a）　　　　（b）　　　　（c）

图 5-9　尽端单元

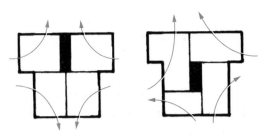

图 5-10　独立单元分户灵活

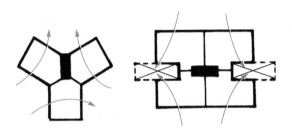

图 5-11　内外形状变化有利于采光通风

5.1.5　辅助设施的设计

辅助设施如厨房、卫生间、垃圾道等,其布置的位置是否恰当不仅影响使用,且涉及管道配置、影响造价,因而设计时必须注意以下问题。

1. 布置的位置要恰当

为方便各户使用,厨房必须能直接采光、通风;卫生间若因条件所限,或在寒冷地区需要防冻时,则可布置成暗卫生间,但应同时设置机械排风设施。一般可将厨房、卫生间布置于朝向和采光较差的部位,还可利用它来隔绝户外噪声及视线对居室的干扰。

住宅建筑内设置垃圾道虽然使用较为方便,但各层垃圾道入口及底层垃圾道出口的污染严重,卫生状况对一楼住户及公共交通影响很大。目前一般倾向于取消设置垃圾道,改为提倡住户袋装,并进行垃圾分类,在宅院内设置垃圾收集点。

2. 设备布置要紧凑合理

厨房、卫生间中的设备布置应满足洗、切、烧及洗、便、浴等功能要求,空间大小应符合设备尺寸及人体活动尺寸,设备布置紧凑合理。由于设备老化更新困难,厨房、卫生间面积扩大更非易事,故应适当留有发展和更新余地,但也不应盲目扩大而浪费面积。

3. 设备管线要集中

户内厨房与卫生间宜相互靠近,户与户之间的厨房、卫生间相邻布置较为有利,这样不仅上下水立管可共用,烟囱、排气道等也可共用,经济意义较为显著。

5.2　常见的平面类型及特点

多层住宅的平面类型较多,按交通廊的组织可分为梯间式、外廊式、内廊式、跃廊式;按楼梯间的布局可分为外楼梯、内楼梯、横楼梯、直上式、错层式;按拼联与否可分为拼联式与独立单元式(常称点式);按天井围合形式可分为天井式、开口天井式、院落式;按其剖面组合形式可分为台阶式、跃层式、复式、变层高式等。

5.2.1　按交通廊的组织分类

1. 梯间式

由楼梯平台直接进分户门,不设任何廊道。一般每梯可安排2~4户。这种类型平面布置紧凑,公共交通面积少,户间干扰少而较安静,但往往缺少邻里交往空间,且多户时难以保证每户有良好的朝向。

(1)一梯两户。每户有两个朝向,便于组织通风,居住安静,较易组织户内交通,单元较短,拼凑灵活。当每户面积较小时,则因楼梯服务面积少而增大交通面积所占的比例;当每户面积大,居室多时,可节省公共走廊,较为经济。这种形式适应地区较广(图5-12)。一梯两户住宅的楼梯间布置,可以朝北,也可以朝南,由入口位置及住宅群体组合而定。户的入口可以在房屋中间,也可以在房屋外缘(图5-13~图5-18),由生活习惯及室内布置要求而定,当入口在房屋中间时,户内交通路线较短,采用较多。

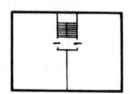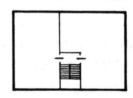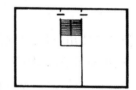

图 5-12　一梯两户布置

图 5-13　北京某住宅(楼梯朝北)

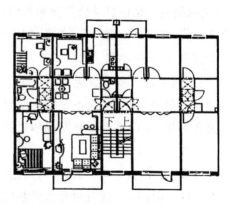

图 5-14　北京某住宅(楼梯朝南)

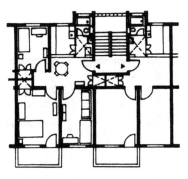

图 5-15　南京某住宅

图 5-16　芬兰某住宅

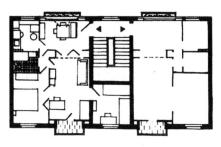

图 5-17　苏联某住宅

图 5-18　挪威某住宅

（2）一梯三户。一梯每层服务三户的住宅,楼梯使用率较高,每户都能有好的朝向,但中间的一户常常是单朝向户,通风较难组织(在尽端单元可改善)(图 5-19)。这种形式住宅在北方采用较多(图 5-20～图 5-23)。

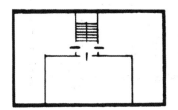 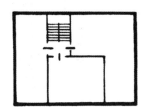 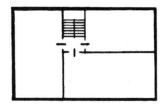

图 5-19　一梯三户住宅布置

图 5-20　天津某住宅(四开间)

图 5-21　石家庄某住宅(五开间)

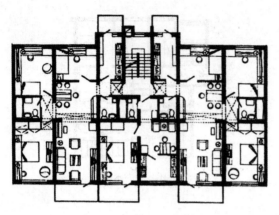

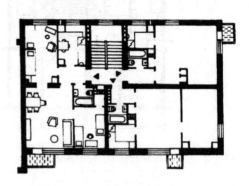

图 5-22　北京某住宅(六开间)　　　　　　　图 5-23　芬兰某住宅

（3）一梯四户。一梯每层服务四户,提高了楼梯使用率。采用双跑楼梯时可使每户有较好的朝向,一般常将少室户布置在中间而形成单朝向户。在某些地区可布置成朝东或朝西的四个单朝向户(图 5-24)。若利用双跑楼梯的两个楼梯平台错层设置入户口或采用单跑楼梯的长楼梯平台,则可实现每套面积较大且朝向均佳的单元平面(图 5-25～图 5-28)。

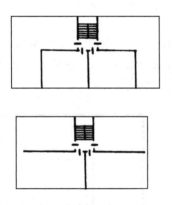

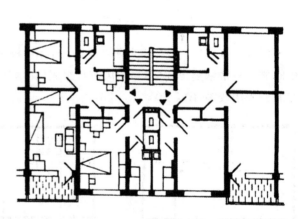

图 5-24　一梯四户住宅布置　　　　　　　　图 5-25 沈阳某住宅

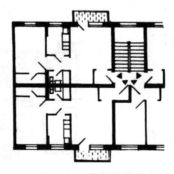

图 5-26　莫斯科某住宅

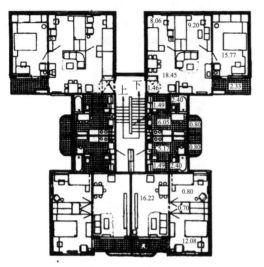

图 5-27　双跑梯错半层布置套型

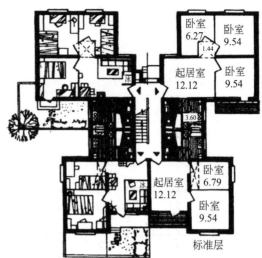

标准层

图 5-28　直跑梯长平台布置套型

2. 外廊式

(1) 长外廊。便于各户并列组合,一梯可服务多户,分户明确,每户有良好的朝向、采光和通风(图 5-29)。外廊敞亮,可晾晒衣物及进行家务操作,有利于邻里交往及安全防卫。但由于每户入口靠房屋外缘,因而户内交通穿套较多。公共外廊对户内有视线及噪声干扰。长外廊住宅在寒冷地区不利于保温防寒,在气候温和地区采用的较多,对小面积套型较为适宜,面积大及居室多的套型宜布置在走廊尽端。长外廊不宜过长,并要考虑防火和安全疏散的要求。走廊标高可低于室内标高 600mm 左右,以减少干扰(图 5-30～图 5-32)。

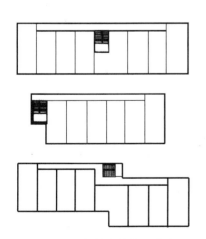

图 5-29　长外廊的布置形式

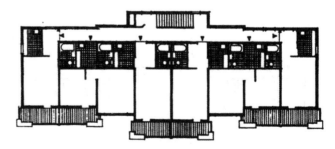

图 5-30　上海某住宅

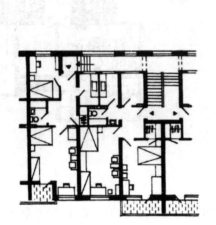

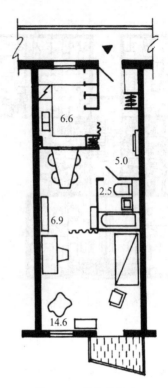

图 5-31 北京某住宅　　　　　　图 5-32 瑞典某住宅

（2）短外廊。为避免外廊的干扰,可将拼联的户数减少,缩短外廊,形成短外廊式,也称外廊单元式。短外廊式一梯每层服务 3~5 户,以 4 户居多(图 5-33)。它具有长外廊的某些优点又较安静,且有一定范围的邻里交往(图 5-34~图 5-36)。

此外,外廊依其朝向有南廊和北廊之分。南廊利于在廊内进行家务活动,但对南向居室干扰较大,尤其厨房朝北时穿套较多。北廊可靠廊布置辅助用房或小居室,以减少对主要居室的干扰,一般采用较多。在南、北廊问题上,主要与居住对象的工作性质、家庭成员的组成及生活习惯等有关,应根据具体条件处理。

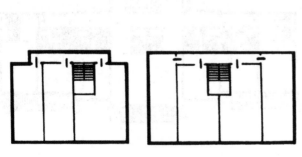

图 5-33 短外廊分户布置　　　　　　图 5-34 常州短外廊住宅(一)

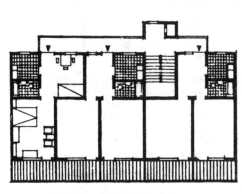

图 5-35　常州短外廊住宅(二)

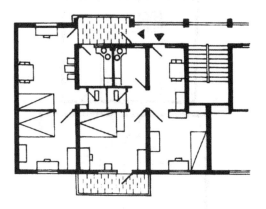

图 5-36　四川某住宅

3.内廊式

(1) 长内廊。由于长内廊是在内廊的两侧布置各户,楼梯服务户数增多,使用率大大提高,且房屋进深加大,用地节省,在寒冷地区有利于保温。但各户均为单朝向户,内廊较暗,户间干扰也大,户内不能组织良好的穿堂风。与长外廊式一样,对小面积套型较为适宜。图 5-37 住宅于内廊分段设门以减少干扰。

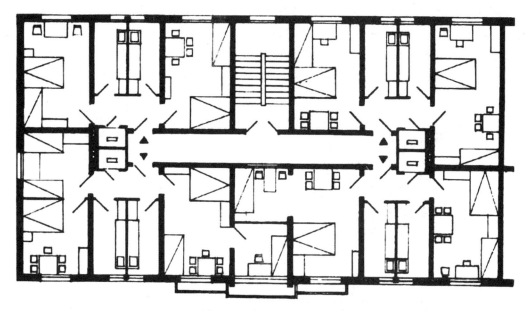

图 5-37　沈阳东西向住宅

(2) 短内廊。为了克服长内廊户间干扰大的缺点,可减少拼联户数,缩短内廊,形成短内廊式,也称内廊单元式。它保留了长内廊的一些优点,且居住环境较安静,在我国北方应用较广。由于中间的单朝向户通风不佳,在南方地区不宜采用。一梯可服务三四户(图 5-38 和图 5-39)。

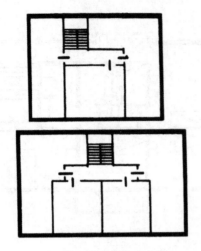

图 5-38　短内廊分户布置

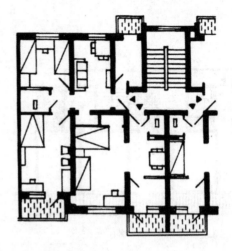

图 5-39　北京某住宅

4. 跃廊式

跃廊式是由通廊进入各户后,再由户内小楼梯进入另一层。楼栋在满足规范要求的前提下可设置较少的公共楼梯服务于较多的户数,加上隔层设通廊,从而节省了交通面积,又可减少干扰,每户有可能争取两个朝向。常在下层设厨房、起居室,上层设卧室、卫生间,套内如同低层住宅,居住环境安静,在每户需求面积大、居室多时较适宜,其套型属于跃层式套型。跃廊式住宅在国外整体式集合住宅设计中运用较为普遍,国内目前也有项目采用。图 5-40 为巴西跃廊式住宅,A 型为一字形平面,B 型为长曲线蛇形平面,为节约用地,每户面宽较小。图 5-41 为深圳长城大厦,从外观即可看出明显的隔层跃廊痕迹。

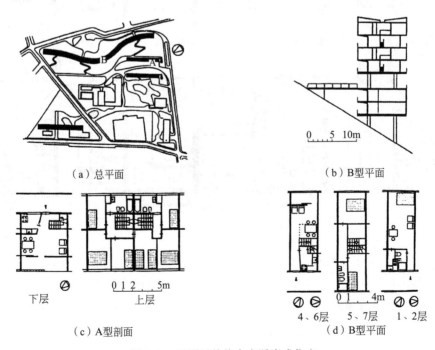

（a）总平面

（b）B 型平面

（c）A 型剖面

下层　　上层

（d）B 型平面

4、6 层　　5、7 层　　1、2 层

图 5-40　巴西里约热内卢跃廊式住宅

图 5-41　深圳长城大厦跃廊式住宅外观

5.2.2　按楼梯的布局分类

根据楼梯的形式和布局的不同,可以使单元平面组合产生许多变化(图 5-42),现分析如下。

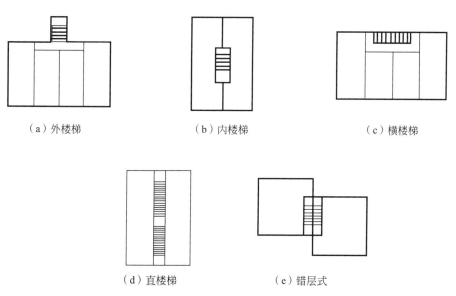

（a）外楼梯　　　　　　　　　（b）内楼梯　　　　　　　　　（c）横楼梯

（d）直楼梯　　　　　（e）错层式

图 5-42　楼梯布局的变化

1. 外楼梯

外楼梯又称外凸楼梯。在工业化施工的住宅中,为简化结构,常将楼梯突出于建筑。住宅底层为商店的住宅,为了不影响营业厅空间,也可采用外凸楼梯。此外,在结合地形或平面组合需要时也可采用(图 5-43 和图 5-44)。

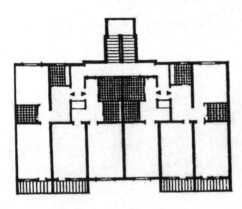

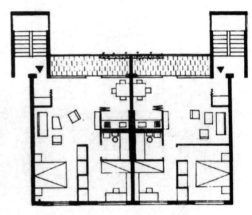

图 5-43　北京大板实验住宅　　　　　　　　图 5-44　莫斯科某住宅

2. 内楼梯

一般住宅楼梯多布置在建筑内部且靠外墙,采光通风好,便于防火和安全疏散,这种情况下内楼梯使用较广。可将楼梯布置在栋深中部加大栋深,以便节约用地,有利于保温防寒。楼梯中间留井时,可由天窗顶部采光,但底层楼梯光线较暗,且需打通一间房作入口(图 5-45 和图 5-46)。南京如意小区内楼梯方案(图 5-47)将底层入口敞开,中间挖去一间房,顶部做天窗,既解决了采光问题,也活跃了入口的立面造型处理。

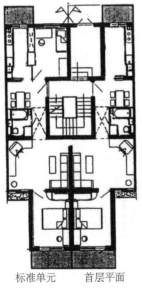

标准单元　　首层平面

图 5-45　北京某住宅

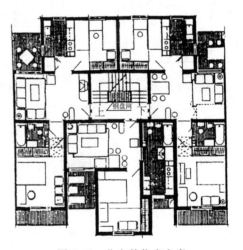

图 5-46　北京某住宅方案

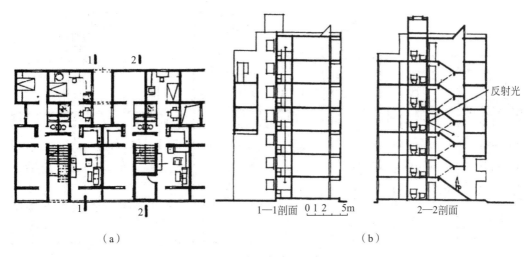

图 5-47　南京如意小区住宅

3. 单跑横楼梯

单跑楼梯横向靠外墙布置,也称横梯式,靠楼梯间的房间可借助楼梯间间接采光、通风。其楼梯平台便于组织进户入口,兼可作外廊使用,便于邻里交往和安全防卫。为便于组织进户入口,楼梯宜靠外墙布置。当楼梯靠内墙布置时,立面处理可较开敞,有利于通风采光,但靠梯的内墙不宜开窗,以避免灰尘、视线干扰。应根据方案具体情况妥善处理(图 5-48 和图 5-49)。

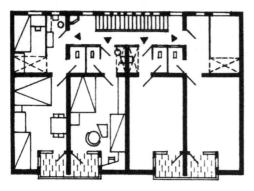

图 5-48　南京某小面积住宅方案

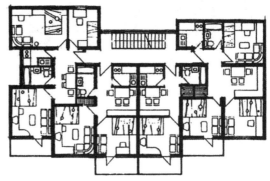

图 5-49　上海某住宅

4. 直楼梯

楼梯单跑直上,由休息平台入户,形成梯廊合一,也称为梯廊式。其特点在于可充分利用楼梯上下的空间,用以改变套型或作贮藏空间,大大提高了面积利用率。采用直上式楼梯的住宅栋深一般较大,梯廊构件的钢筋混凝土用量少,所以造价较低。当梯廊沿横墙布置时,分户明确,每户朝向通风好。其缺点是不易将各户入口布置在合适位置上,户内交通穿套较多,且上楼较累,一般建三四层(图 5-50)。因每层平面不同,设计及施工较麻烦。

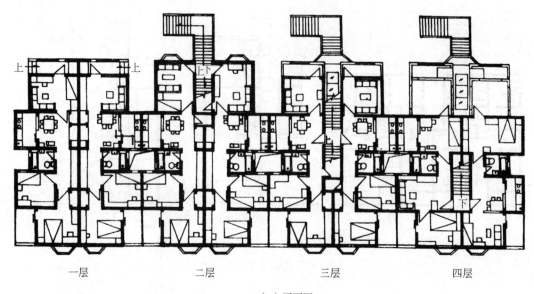

一层　　　　　　　二层　　　　　　　三层　　　　　　　四层

（a）平面图

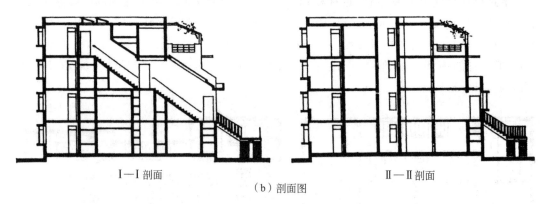

Ⅰ—Ⅰ剖面　　　　　　　　　　　　　　Ⅱ—Ⅱ剖面

（b）剖面图

图 5-50　长沙某住宅

5.2.3　按单元拼联方式分类

根据单元拼联的特点和平面空间组合的需要,单元体型也有各种变化。

1. 单向拼联

为结合地形和道路走向,可将错接单元组合成锯齿形组合体(图 5-51)。

2. 两向拼联

如 L 形用于转角,以拼联两个方向的平直单元,常将阳角退进以利采光通风(图 5-52)。如用地许可时,可做成直角形,以充分利用土地,增加建筑面积(图 5-53、图 5-54)。

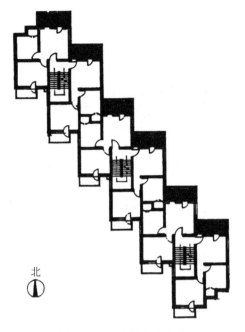

图 5-51 河北某住宅方案

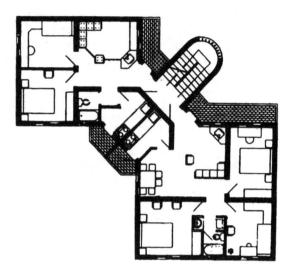

图 5-52 成都某住宅

图 5-53 深圳住宅方案

图 5-54 天津住宅竞赛获奖方案

3. 三向拼联

如 Y 形,具有三个方向拼联的可能性,拼联的组合体体型有变化(图 5-55)。

4. 多向拼联

如工形、X 形、蛙形等,四个端头皆可拼联。工字形既能平接又能错接,将走廊处理成 4

个有转折的尽端,有效地减少了户间干扰(图 5-56)。蛙形平面紧凑经济,每户都有向阳面,可从不同方向拼接(图 5-57)。

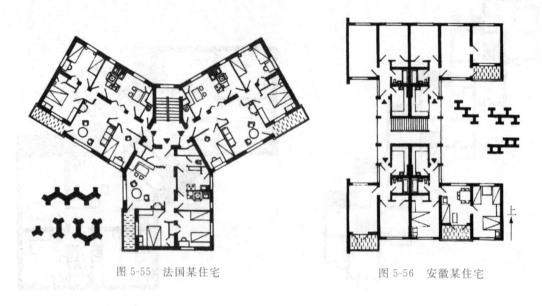

图 5-55 法国某住宅   图 5-56 安徽某住宅

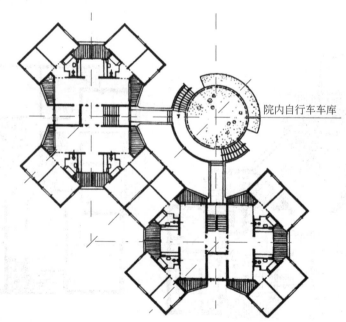

院内自行车车库

图 5-57 成都某住宅

5. 异形拼联

为了打破条式拼联的单调行列式布局,采用蝶形或楔形的单元拼联成多变的组合体。图 5-58 为蝶形单元,可拼成院落式或折线形组合体。图 5-59 为楔形单元,可拼接成弧形或 S 形组合体。这种异形体拼联要注意住户的朝向,在形体变换方向时仍能使每户居室处于较好的朝向。

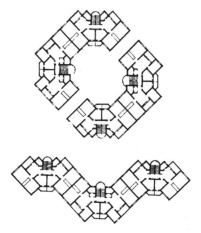

图 5-58　四川七五住宅方案

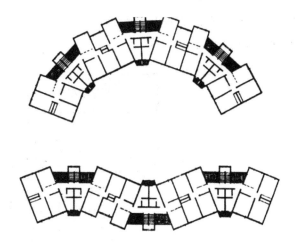

图 5-59　重庆七五住宅方案

5.2.4　按独立单元的形式分类

　　凡不与其他单元拼联而独立修建的住宅称为点式住宅。其特点是数户围绕一个楼梯枢纽布置,四面皆可采光通风,分户灵活,每户常能获得两个朝向,且有转角通风。外形处理也较自由,常与条形建筑相配合,以活跃建筑群的空间布局。建筑占地小,便于因地制宜地在小块零星土地兴建。在山地、坡地,为节省土石方工程量,也经常采用。在风景区及主干道两侧,按规划上的要求或为了避免成片建筑对视线的遮挡,也常以点式住宅来处理。点式住宅外墙和外窗较多,经济性稍逊于条式住宅,据测算,在北京地区其造价较条式住宅高;再者,一梯服务多户或居室较多的点式住宅,易出现朝向不好的居室,在平面设计及总平面布置时应予以注意。点式住宅的形状很多,可以是方形、圆形、三角形、T 字形、风车形、Y 字形、凸字形、工字形以及蝶形等。常见的形式有以下几种。

　　1. 方形

　　方形平面布局严谨,外墙面较少,有利于防寒保温。墙体结构整齐,有利于抗震设防。可保证每户有良好的朝向和日照条件,适于在寒冷和严寒地区采用,分户时使住户朝南、朝东或朝西,不应使一户的居室全部朝北(图 5-60)。

　　2. T 字形

　　一梯四户时,为使每户朝南,T 字形平面较为有利。图 5-61 大多数居室均为南向,南向两户起居室作斜角处理,改善了北面套型起居室的采光和景观。各套型平面动静分区明确,流线简洁,房间布置合理,厨房、卫生间均能直接采光通风。这类平面要注意避免前后相邻

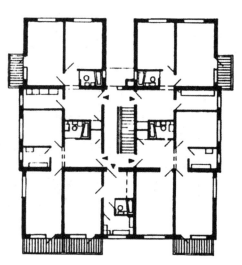

图 5-60　北京方形点式住宅

两户间的视线干扰,保证私密性,如本方案中作了适当考虑,厨房、卫生间的斜角窗既可避免西晒,又防止了视线干扰。

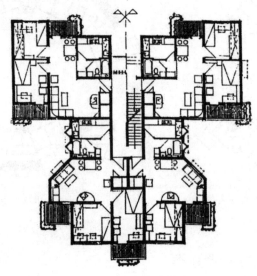

图 5-61 广州点式住宅

3. 风车形

一梯四户的风车形平面,临空面增多,暗面积减少,有利于套型内的采光通风。在凹口内一般间距小,常将厨房、卫生间布置于此,要注意开窗位置,避免户与户之间的视线干扰。在风车形平面布置中,常有一户难以获得较好朝向,在总平面布置中应予注意(图 5-62)。

4. Y 字形

取消风车形平面中朝向不好的一翼,做成一梯三户的 Y 字形平面,使 3 户皆获得了良好的朝向与通风,由于翼间的夹角加大,有利于扩大视野。Y 形平面中必定会产生不规则的房间,应尽量做到结构整齐,使不规则的结构简化(图 5-63)。

图 5-62 广东肇庆风车形住宅　　　　　图 5-63 广州某 Y 形住宅

5. 凸字形

一梯三户时,为使结构整齐布置,有利于施工,常做成凸字形平面,使每户都有良好的朝向和通风。将楼梯布置在北向,主要居室都争取向南,厨房、卫生间则布置在较差朝向(图 5-64)。每套居室较多,楼梯布置在东向,厨房、卫生间尽量集中以节省管线(图 5-65)。

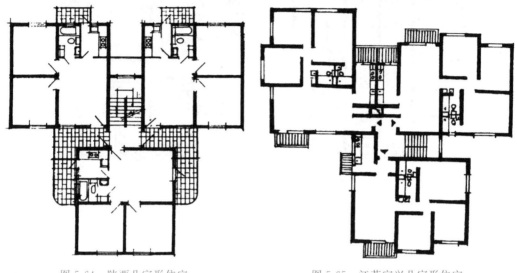

图 5-64 陕西凸字形住宅   图 5-65 江苏宜兴凸字形住宅

6. 蝶形

为求得体形的活泼与变化,点式住宅常处理成蝶形平面(图 5-66)。每户多数居室朝南,套内公私分区明确,厨房靠入口布置,卫生间靠卧室布置,厨、卫管道集中,并避免了户间视线干扰。如图 5-67 所示平面为近三角形的蝶形,每套居室均有较好朝向,外形富有光影效果,室外三角形空间形成优美、活泼、开朗的室外空间环境。

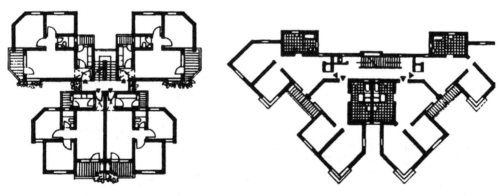

图 5-66 厦门蝶形住宅   图 5-67 上海嘉定蝶形住宅

7. 工字形

一梯四户工字形平面既能作点式,也可拼联,具有一定的灵活性。每套平均面宽较小,有利于节约用地。在北方地区,为保温防寒,应尽量缩短外墙周长(图 5-68),结构墙体规整,有利于抗震。在南方地区,为通风降温,则凹口较深(图 5-69),楼梯竖放,既可作单跑,又可作双跑,双跑楼梯可使前后错半层,有利于竖向组合,底层可布置商店、自行车库等。

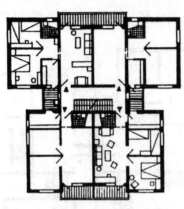

图 5-68 北京工字形住宅

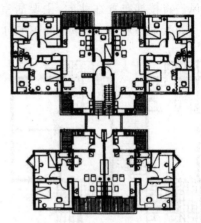

图 5-69 长沙工字形住宅

5.2.5 按天井的形式分类

为了节约用地,多采用减小每套平均面宽,加大房屋栋深的方法,效果比较显著。但进深增加以后,房屋内部的通风采光就必须用天井的方式予以解决,因此出现了天井式。四周以房间围绕的称为内天井,三面有房间围绕的称为开口天井,如果天井比较大则形成院落,称为院落式,现分述如下。

1. 内天井式

内天井增加了房屋内部的临空面,便于采光和通风,由于增加了房屋栋深,因而节地效果明显。其平面布局特点是将厨房、卫生间或次要居室内迁,靠天井采光和通风,主要居室应布置在较好的朝向(图 5-70)。内天井住宅的缺点在于天井通风采光较差,尤其底层光线较暗,而且天井内声音、视线和烟气干扰大。图 5-71 为点式内天井住宅,一梯六户,进深大,能节地,其内天井一侧为横楼梯,从而使内天井的一些不利因素有所改善。

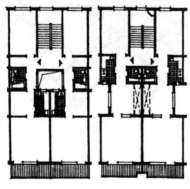

图 5-70 北京内天井住宅

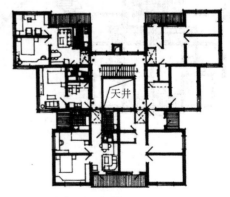

图 5-71 天津点式内天井住宅

2. 开口天井式

为了克服内天井的缺点,将天井位置外移,形成开口天井,即天井只有三边围合,从而改善了天井的采光和通风,并避免了部分声音和视线干扰。如图 5-72 所示,楼梯、厨房、卫生间朝北,凸出于居住部分而形成开口天井,居室可从凹口采光通风,干湿分区明确,不同的居住行为各得其所。如图 5-73 所示,南北向均有开口天井,厨房、卫生间集中,卧室全部在南向,使用方便。

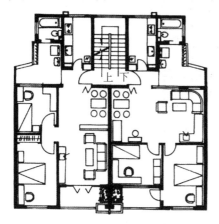

图 5-72　重庆开口天井住宅

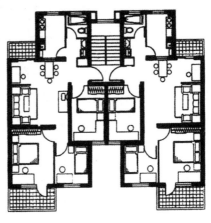

图 5-73　山东淄博开口天井住宅

3. 院落式

将若干户围合成较大的院落,不仅改善了内院朝向房间的采光和通风,而且院落可以作为住户的邻里交往空间(图 5-74)。为了保证院落北面住户的日照,院落南面层数降低为3 层。图 5-75 为南方地区院落式住宅,两部楼梯服务于 8 户,楼梯间的连廊形成交通核心,为住户提供了交往场所,并便于住户的治安联防。院落式还可以做成三面围合的空间,这样通风采光较好,但在节地上常感不足。院落空间要达到邻里交往的目的,必须使各户能方便地到达院落,因此,应恰当地组织各户入口与院落的联系。

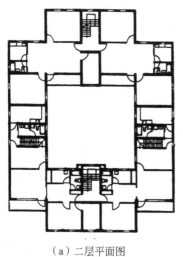

（a）二层平面图

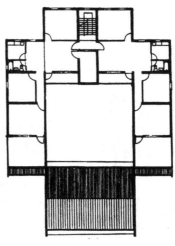

（b）四层平面图

图 5-74　西安大明宫院落式住宅

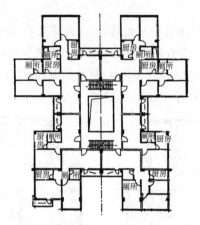

（a）标准层平面图　　　（b）顶层平面图

图 5-75　广州院落式住宅

5.2.6　按剖面组合的形式分类

住宅设计不仅是平面组合问题，如果从三维空间的角度来思考，从剖面的组合变化上进行分类，则可分为台阶式、跃层式、复式、变层高式等几类。这类住宅在设计中需要注意解决的共同问题是，套型因三维空间的变化组合带来了楼层上下房间平面尺寸不同，进而导致的结构梁板不同；或因上下房间功能不同而产生的设备管线上下对位等问题。各类型的特点现分述如下。

1. 台阶花园式

将住宅单元逐层错位叠加、层层退台，使每户都有独用的大面积平台，外形形成台阶形或金字塔形（图 5-76）。它的特点是每户都有独用的花园平台，室外环境犹如低层住宅，为住户提供了休息及户外活动场所，由于是多层叠加，相对来说比较节约用地。近年来，随着市场上商品住宅单套建筑面积的逐渐增大，也出现了在普通单元梯间式住宅的基础上因套型逐层变化、层层退台而形成的每套都带"空中花园"的住宅形式（图 5-77）。在法国，这种住宅被称为中间式住宅，不过他们还要求每户有独用的室外入口，因而有两套垂直交通系统，并在阶梯形住宅中央空间设置车库或其他公用设施（图 5-78）。

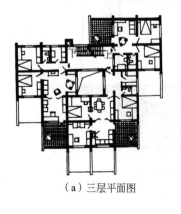

（a）三层平面图

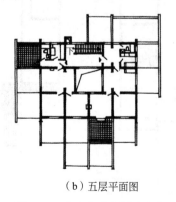

（b）五层平面图

（c）二层平面图

图 5-76　北京台阶花园式住宅

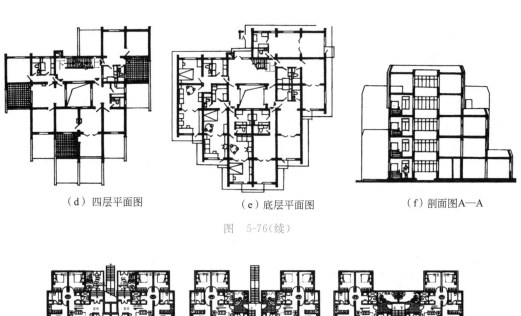

（d）四层平面图　　　　　　（e）底层平面图　　　　　　（f）剖面图A—A

图　5-76（续）

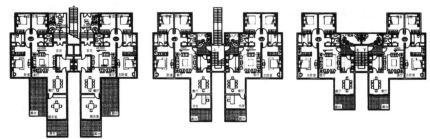

（a）一层平面图　　　　　　（b）二层平面图　　　　　　（c）三层平面图

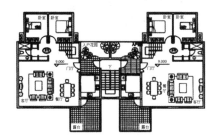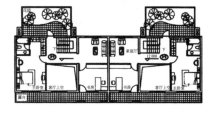

（d）四层平面图　　　　　　　　　　　（e）五层平面图

图 5-77　南方某退台式"空中花园"住宅

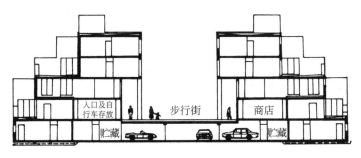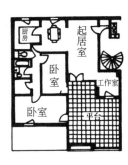

图 5-78　法国某中间式住宅

2. 跃层式

当套型面积较大、居室较多时，可布置成跃层式住宅。跃层式住宅可以上、下层动静分区，将起居室、厨房、餐室布置在下层；卧室布置在上层，居住较安静（图 5-79、图 5-80）。为了使上下水、煤气等管道集中，厨房、卫生间常上下层对应布置。应注意卫生间不宜布置在卧室或厨房的上层，当必要时，其污水排管及存水弯不得在下层卧室或厨房的室内顶板下外露，并应有防水、隔声和便于检修的措施。随着生活水平的提高，还应考虑汽车的停放问题，车库有的放在底层，有的作平房，并在其屋顶作绿化和休息交往空间。在竖向组合中，也可以跃半层，使住户室内各部分处在几个不同的标高上，其优点在于可以结合地形，或利用底层的空间高差布置商店或贮藏，并有利于户内分区，但应注意结构和抗震等的处理（图 5-81）。

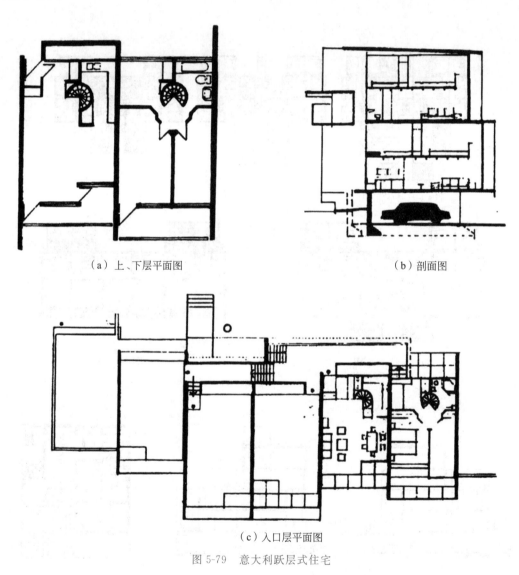

（a）上、下层平面图   （b）剖面图

（c）入口层平面图

图 5-79　意大利跃层式住宅

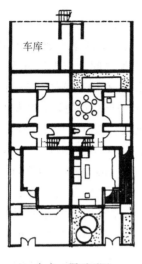

（a）一层平面图

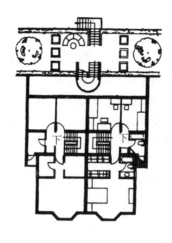

（b）二层平面图

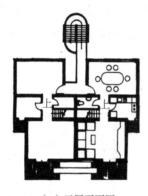

（c）三层平面图

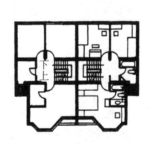

（d）四层平面图

图 5-80　无锡跃层式住宅

图 5-81　套内错半层的住宅

3. 复式

所谓复式住宅,即在住宅层高为 3.3~3.5m 的情况下,在内部空间中巧妙地布置夹层,形成空间的重复利用。室内空间处理的原则是根据人的活动需要将"该高即高、可低则低"的原则发挥到极致,如起居空间最高,不设夹层,其他空间则作夹层处理,从而大大提高了空间利用率。具体手法是把夹层隔板直接作为上层卧室的床或贮藏空间的底板,床底空间可为下层活动空间提供必要的高度。在床前,人的行走空间仍保持站立时人体活动的高度,而其下部作为贮藏空间来处理。复式住宅的另一个特点就是将家具设计与建筑设计结合起来,如将起居室外凸窗的下部设计成沙发;将餐桌与壁柜门结合,不用时可收起推入壁柜内;床板即夹层隔板等,从而有效地节约了家具投资。图 5-82 在约 50m² 建筑面积条件下,提供了约 70m² 的可供使用的面积,而且是"三室二厅"式的多空间居住环境。虽然在完全满足其原始概念的复式住宅套型中有些空间比较低矮狭小、使用不便,且给建筑构造和施工带来了一定的复杂性,但这一概念给设计人员带来的启发仍然可以创造出一些新的套型空间形式(图 5-83)。

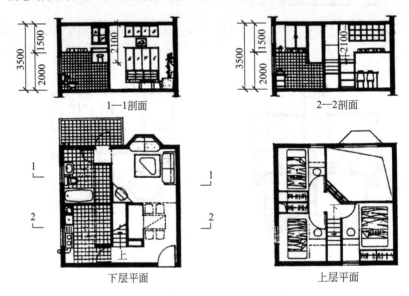

（a）典型套型示意图

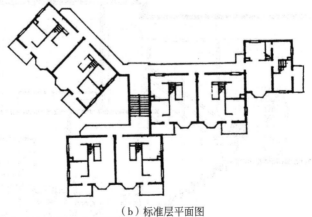

（b）标准层平面图

图 5-82　上海复式住宅

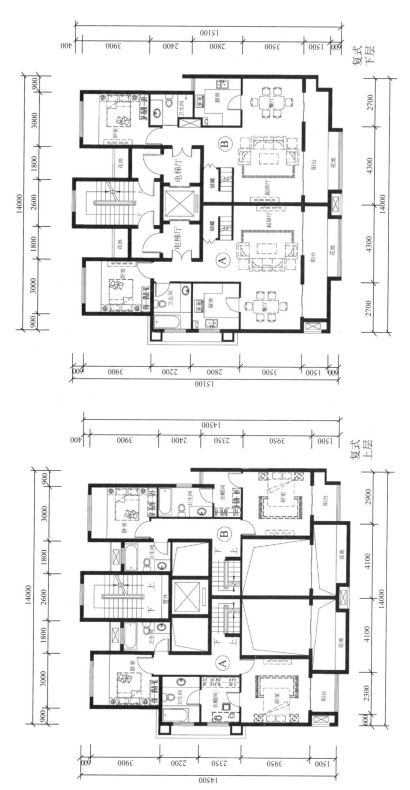

图5-83 借鉴"复式住宅"的套型设计

4. 变层高式

在住宅空间中,起居厅需要较高的空间高度,卧室次之,厨房和卫生间等服务空间则可以较低。在竖向组合时,根据不同的层高进行搭配,既可以高效利用空间,又可以节约建筑材料和用地,从而达到较好的经济效果,这种住宅称为变层高式住宅。在变层高式设计中,组合的方式很多:可以高低交互错位搭接,也可以高低各占一边相互搭接;可以纵向相错,也可以横向相错;可以局部错层,也可以多方向错层等。

但是,应注意的问题是在结构和构造处理上,不能过于复杂,并要符合抗震和便利施工的要求。图5-84为一变层高式住宅示例,起居室层高较高且居中,卧室、厨房、卫生间较低,围绕起居室设置,起居室两层高度相当于卧室、厨房、卫生间等房间三层的高度,因此,结构楼板每隔两三层即可拉平,使结构和构造相对简化。

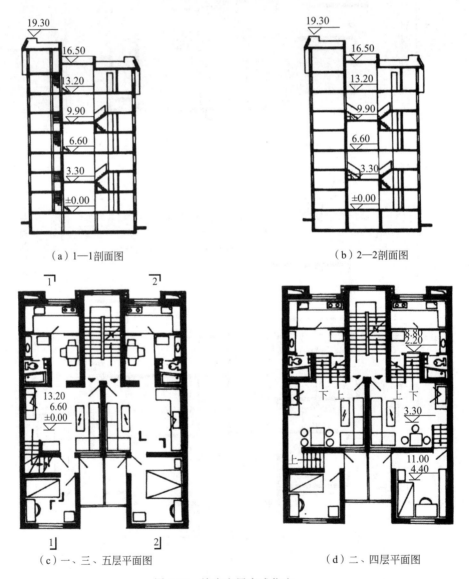

（a）1—1剖面图　　　　　　　　　　　（b）2—2剖面图

（c）一、三、五层平面图　　　　　　　（d）二、四层平面图

图5-84　济南变层高式住宅

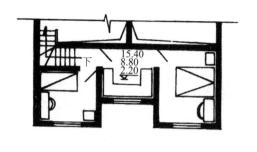 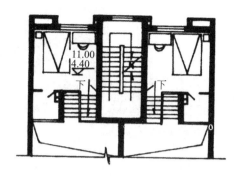

（e）一、三、五层夹层平面图　　　　　　　　　（f）二、四层夹层平面图

图 5-84（续）

　　需要说明的是,以上分类原则和类型不是绝对的,有些住宅套型并不能严格归类。在具体的设计工作中,住宅的各种类型可以交叉结合,充分发挥各自的优点,使平面空间组合更加完善。如平直拼联的单元加上转角单元可以组合成院落式的住宅组团,增强社区内人们的交往机会(图 5-85),长、短外廊与跃层式住宅套型相结合可创造出立面变化自由丰富的住宅楼栋造型(图 5-86);内楼梯与天井式相结合,可以加大栋深,更加节地;变层高式住宅与跃层式或复式相结合,使空间利用更为充分;将跃层式与一般住宅相结合,放在顶部两层,使 6 层住宅变为 7 层,可增加建筑面积密度而不需增设电梯等(图 5-87 和图 5-88)。

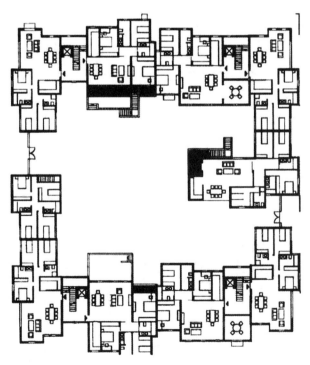

图 5-85　广州某院落围合住宅

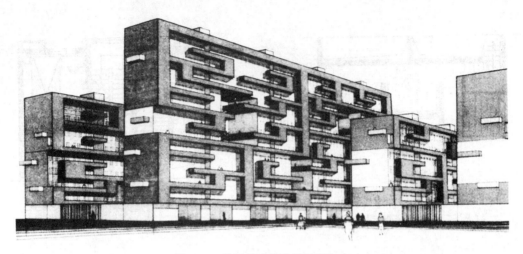

图 5-86　长短外廊结合跃层的住宅

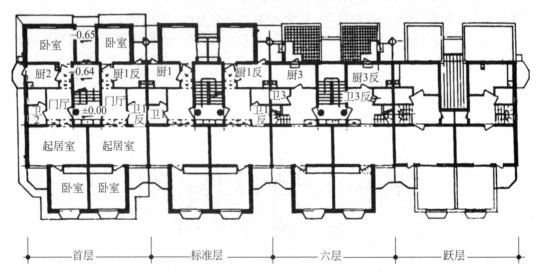

图 5-87　北京内楼梯开口天井住宅

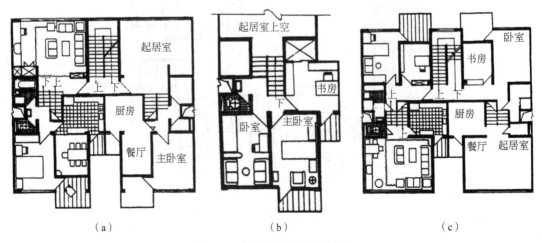

（a）　　　　　　　　　（b）　　　　　　　　　（c）

图 5-88　广州变层高跃半层住宅

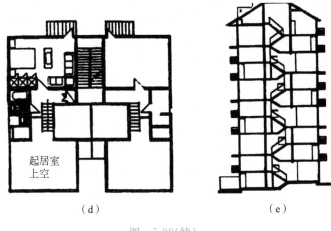

起居室
上空

（d）　　　　　　　　　（e）

图　5-88（续）

5.3　装配式住宅的适应性与可变性

在目前设计、施工、管理、交付使用的运作体制下，一般的住宅，其空间布局、设备管线系统乃至装修都是统一建造，一次完成的。住宅内部的空间格局、设备系统和装修标准都是静止不变的空间实体，住户只能被动地去适应。从住宅与人的关系来说，这种方式是人去适应住宅。按照"以人为本"的设计观念，为了使住宅更好地为"人"服务，应该是使住宅去适应住户的需要。因此，在住宅设计中，如何去考虑住宅的适应性与可变性是一个十分重要的问题。所谓住宅的适应性，是指住宅实体空间的用途具有多种可能性，可以适应各种不同的住户居住。所谓住宅的可变性，是指住宅空间具有一定的可改性，随着时间的推进，住户可以根据自己变化发展的需要去改变住宅的空间。

5.3.1　住宅的适应性与可变性的由来

住宅套型的实体作为物质空间的属性来说，是相对固定不变的，但住户在其中的家庭生活具有社会属性，是一个能动的活跃因素，是不断发展变化的。实体的静态与居住生活的动态之间存在着矛盾。以往的住宅设计片面强调建筑技术的合理化，在小开间承重墙结构体系下，平面变化无疑是受限制的。另外，从单纯功能主义的观念出发，平面设计仅仅是把人的物质需要（吃、睡、盥洗等）规范化，然后按功能要求进行空间组合，完全忽略了人在精神、人文等社会学方面的需求，也未考虑到居住生活变化发展的需要。由于砖混结构和钢筋混凝土结构的坚固耐用，住宅实体的改造变得越来越困难，使得不变的住宅实体与人的居住生活变化的矛盾日益尖锐。第二次世界大战以后，欧洲的一些国家花了很大精力以达到每户一套合适的居住目标，但20年后不仅认为这些住宅的标准太低，而且功能空间已不适应住户需求，特别是在20世纪70年代以后更多的家庭偏爱大面积、多功能的厨房所形成的家庭间，而旧住宅的平面类型不再适用了。由于这些住宅在设计建造时就没有改造的预见性,住户只得大量搬迁,高搬迁率和空房率进一步使环境恶化,公共设施被破坏,犯罪率增加,反过来又增高了空房率和搬迁率。西欧政府为根除这一恶性循环,采取加强行政管理、维修改建,甚至推倒重建的办法,这无疑加重了经济负担。由此可见,只顾眼前利益是短期行为,在适用和经济上是不划算的,应该从长远的、发展的观点来看待住宅的适应性与可变性的问题。

住宅作为物质实体,其结构寿命较长,以砖混结构、钢筋混凝土结构而言,其物质老化期可以长达 50~70 年。而住宅功能变化较快,其精神老化期较短,一般为 10~25 年。因此,住宅的物质老化期与功能老化期是不同步的。现代人的生活方式的变化速度加快,而且日趋多样化,这就使得住宅的耐久性与可变性之间的矛盾更加突出,提高住宅的适应性与可变性更为必要。

5.3.2 家庭生活变化的基本规律

家庭生活的变化从宏观来看,是社会上普遍的家庭使用功能模式的变化,它涉及社会的居住形态,即与社会的进步、科学技术的发展、生活水平的提高、生活方式的演变等因素有关。从微观分析,就一个家庭来说,有家庭生命循环周期的变化,有家庭生活年循环和周循环的变化等,这又与家庭的人口构成、家庭的生活方式、个人的生活特点等因素有关。

1. 家庭使用功能模式的变化

从横向分析,社会上的各种家庭有不同的家庭生活方式,形成各种家庭生活方式特殊性的原因涉及人们的职业经历、文化教育程度、社会交往范围、经济收入水平以及个人的年龄、性格、生活习惯、兴趣爱好等多种因素。

从纵向分析,家庭使用功能随社会经济水平和生活水平的提高逐渐演变。我国家庭使用功能模式的变化见表 5-1。从表中可以看出,由独户小面积住宅到小方厅住宅用了 20 年时间,由小方厅住宅到大起居室小卧室住宅只用了 10 年时间。前 4 个阶段平均周期为 15 年。随着生活水平的提高,住宅空间的功能愈分愈细,设备也日益完善。

表 5-1 我国住宅使用功能模式的发展变化

类 型	功能模式	生活特征	年 份
多户合住式 (合住型)	K—T ├─┼─┤ BLD BLD BLD	• 每户一室或带套间的二室 • 卧室兼起居用餐功能 • 多户公用厨房和厕所	1950—1957
独户小面积式 (床寝型)	K—T │ BLD	• 每户 1~2 室,多数穿套 • 卧室兼起居用餐功能,以放床睡眠为主 • 独用小厨房和厕所或合用厕所	1958—1978
小方厅式 (餐寝型)	K—T │ D │ BL	• 每户 1、$1\frac{1}{2}$、2、$2\frac{1}{2}$ 室,走道扩大为小方厅 • 小方厅用餐、会客,起居多在卧室、餐寝分离 • 独用厨房、卫生间设便器、浴位	1979—1989

续表

类　型	功能模式	生活特征	年　份
大厅小卧式 （起居型）	K—T LD　B	• 大起居厅小卧室,起居、睡眠分离 • 用餐在起居室 • 独用厨房加大,设备较完善,设排油烟机等 • 卫生间设便器、浴盆、面盆,洗衣功能适当分隔	1990—2010
多空间式 （表现型）	K—T LD　S　B	• 用餐在餐室,用餐、起居、睡眠三者分离 • 设备用间可作书房、客房、工作室、游乐室、多功能室等 • 独用厨房,设备完善,另设家务室或家庭室 • 卫生间按梳妆、便器、浴盆、净身、洗衣等功能分别设置和组合 • 表现自我的生活特征与情趣	2010 年以后

注:K—厨房;T—卫生间;B—卧室;L—起居室;D—用餐空间;S—备用间。

2. 家庭生命循环的变化

家庭从开始组合到分离解体,一般为 30～60 年。家庭生命循环的周期变化大体分为几个阶段:结婚成家—生育子女—子女学习成长—子女就业离家—夫妇空巢—丧偶孤寡。家庭人口由少到多,又由多变少,需要房间的数量也随之变化。夫妻生育子女,抚育子女成人的核心户型寿命约 27 年;子女婚后仍与父母同住的主干户型的寿命约 18 年;老人夫妻户型的寿命约 15 年;孤老户型的寿命约 5 年。不同的家庭发展阶段亦不同,因此家庭结构需要不同的住宅空间去适应。

3. 家庭生活年循环和周循环的变化

家庭生活在一年之中有两个变化因素:一是气候变化,夏季要通风、降温、遮阳和隔热;冬季要取暖、避风、保温和争取日照。二是节假日的影响,法定节日、传统节日、宗教节日及个人生日等庆贺团聚、会客或家宴等活动对起居空间及厨房和卫生间等提出了新的要求。就一个家庭一周的生活循环来看,工作、学习、上班的日期是一种生活节律,周末假日的休闲、团聚、会友又是另一种生活节律,住宅空间应对不同的生活内容具有适应性。

5.3.3　住宅的适应性

针对不同的居住对象,设计出有多种适应性的套型分配或销售给不同的住户,以满足各自不同的需求。这种方式在使用过程中不加或少加工程措施,而是以交换使用空间或套型的办法来达到适应不同住户要求的目的。具体做法有以下几种。

1. 房间用途的多适性

房间用途的多适性是指在设计中预先考虑到房间的用途可以作不同的更换。在使用过程中,住户可以按自己的要求进行调整,一般适用于年循环和周循环的短期调整。例如,冬季住南屋、夏季住北屋,工作室改为客房,节假日在次卧室或工作室举行家宴等。

2. 设置可调剂分配的灵活房间

在相邻两套型之间设置一处可灵活分配的居室,用不同的开门位置,使其归属于相邻的不同套型,从而达到调整套型类别的目的。如图 5-89 所示,两个二室一厅的套型相邻,其中一间居室若划给另一户,则变为一室一厅和三室一厅的套型,这样就可得到三种不同的套型。

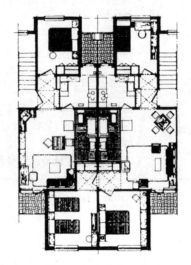

图 5-89 北京某住宅

3. 设置活动隔墙,改变相邻套型面积

在相邻套型间设置可移动的活动隔墙,按需要调整两户之间的面积,这一户增加面积,另一户就要相应减少面积,因此两户之间面积的增减有相关性。在设计中要考虑结构的承重方式,轻隔墙的移动在构造上要装拆灵活,作为分户墙还应达到隔声的要求(图 5-90)。

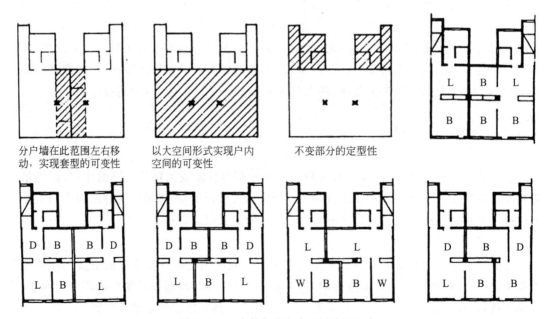

图 5-90 上海某住宅户内空间分隔示意

4. 单元之内的可分性

在一个单元中由一梯二户分解为一梯三户或四户,各户既要保持独立性,又要具有可分性,用这种办法可设计出不同的面积系列,以适应不同住户在家庭生命循环中各发展阶段不同家庭人口结构的需要。设计的方法是将单元内的厨房、卫生间及隔墙的位置相对固定,利用门的封闭与否及局部加减轻隔墙来调整套型面积大小和房间数量。如图 5-91 所示,同一单元作了 3 种平面划分,设计出了从 14～110.76m² 的 8 种面积不同的套型。这种方案在建造时标准化程度较高,施工方便,但在使用过程中如果要调整面积,就必须调整住户对房屋的支配权,如相邻住户之间同时调整,或按不同住户的需要,同时调整。

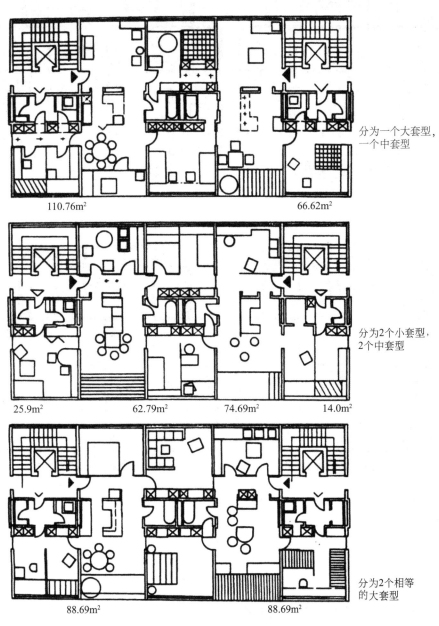

图 5-91　德国单元可分式住宅

5. 菜单式套型平面

沿用 SAR 的理论与方法,将住宅主体结构及外围护墙固定不变,其他隔墙、设备等可由住户确定。鉴于居民对建筑专业不熟悉,由设计人员按住户不同要求设计成不同分隔方式的菜单式平面供住户选择(图 5-92)。该设计将楼梯、厨房、卫生间固定不变,居住部分为一方形平面,按不同的生活行为模式做成不同的平面分隔方式,以适应住户的不同需求。

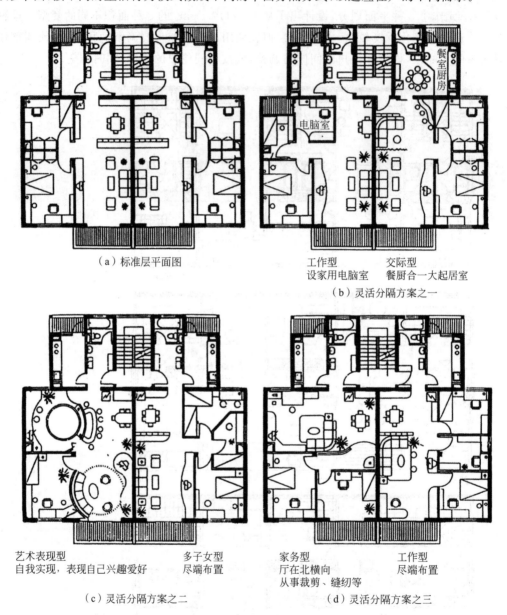

(a)标准层平面图

工作型　　　交际型
设家用电脑室　餐厨合一大起居室
(b)灵活分隔方案之一

艺术表现型　　　　多子女型
自我实现,表现自己兴趣爱好　尽端布置

(c)灵活分隔方案之二

家务型　　　　工作型
厅在北横向　　尽端布置
从事裁剪、缝纫等

(d)灵活分隔方案之三

图 5-92　长沙菜单式套型住宅

6. 在套型中设置多功能空间

住户在家庭中的生活方式各不相同,因而在套型中设置多功能空间,使套型具有某种程度的适应性,用以满足住户的需要。图 5-93 为法国多功能新样板住宅,其多功能空间设于住宅入口和子女卧室之间,面对厨房,因此可用做游戏室、熨衣室、工作室、杂物间或临时卧室。该多功能空间位置适中,且兼有交通功能,所以使用效率高。

图 5-93 法国多功能新样板住宅

7. 套型空间的模糊处理

为避免住宅功能布局僵化,可通过创造一些体型复杂、功能不明确的空间,使住户产生不同的感受,以便于他们采用互不相同却又能适应各自功能要求的空间布局。这种模糊空间大多以起居室空间作为变化的重点,因为起居空间包括会客、进餐、工作、阅读、看电视、听音乐等多种功能,其面积最大,空间有变化的余地,住户可根据自己不同的生活方式做出富有自身特色的空间布局。如图 5-94 为法国伊夫里市某住宅,以三角形组成非直角形平面来取得模糊空间。

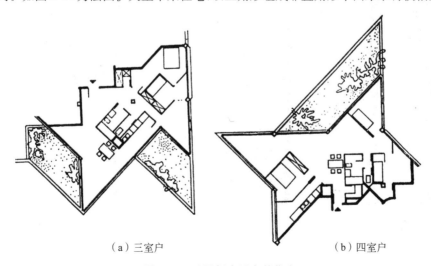

(a)三室户　　　　　　　　　　　(b)四室户

图 5-94 法国伊夫里市某住宅

5.3.4 住宅的可变性

当住户搬进新居之后,相应地有一段稳定时期,但是随着家庭生命循环周期的发展,原来的套型空间便不适用了,因此,住宅的套型设计应具备应变能力。这种在使用过程中的应变,一般要采取相应的工程措施,这种措施越简便易行越好,以免干扰和影响住户生活。再者,当住户搬迁的房屋内部布局不合乎自己的要求时,也会产生对旧有套型的改造问题,套型的可改性与可变性,从设计上来说基本具有相同的含义。

1. 住宅可变性的内容

住户要求套型变化的内容有:①改变居住房间的形状;②扩大起居室空间;③增加卧室数量;④改变房间的组合关系;⑤扩建、改建厨房和卫生间。

要根据居住者的要求来改变套型内的布局,首先要受到住宅结构及设备管线的制约,对于小开间墙体承重结构来说,空间变化的可能性较小,而大开间墙体承重结构和框架结构则空间的变化要灵活得多。厨房和卫生间的设备管线涉及楼上和楼下的管网接口,特别是下水管要求有排水坡度、有存水弯、检查口等,处理不好,上层漏水贻害下层,后患很多。因此,在住宅设计中,为了住宅的可变性,应在条件许可时,尽量选用较先进的大跨结构和框架结构。在厨房、卫生间设计中,应尽量使管线集中,布置的位置相对固定,选用排水管从楼面上走的方式较为有利。

2. 住宅可变性设计的 8 种方式

(1) 小开间结构的住宅可变性

① 横墙承重。当套型面积较小时,只需一个开间作居住空间。夫妻刚结婚时,主卧室较大;当婴儿出生后,老人或保姆来家,将大居室作为次卧室兼起居室,夫妻居于隔开的中居室;当孩子上学时,则将大居室靠窗的部分作为儿童睡眠及学习、用餐区(图 5-95)。

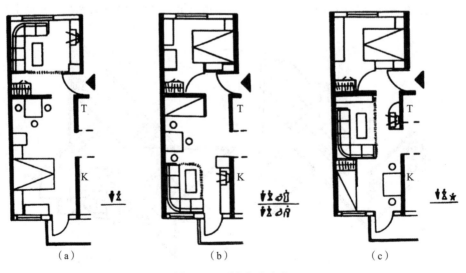

| (a) | (b) | (c) |

图 5-95 西安住宅方案

② 纵墙承重。纵墙承重时,横墙作隔墙,因位置的变换而形成灵活分隔,以适应家庭人口结构的变化。如图 5-96 所示,根据隔墙的可能设置位置,窗也相应的有大有小,以便于隔墙的安装。由于纵墙临空面较长,分隔的居室可直接采光通风,其分隔的灵活性较横墙承重方案好。

图 5-96 抚顺住宅方案

③ 纵横墙混合承重。图 5-97 为一点式住宅,临空面较多,既有横墙承重,也有纵墙承重,在结构布置上,局部加梁(如图中虚线所示),使空间分隔的灵活性增大,各套型居室数可以变化,起居室、餐室和卧室的组合关系也可以变化,从而增强了套型的可变性。

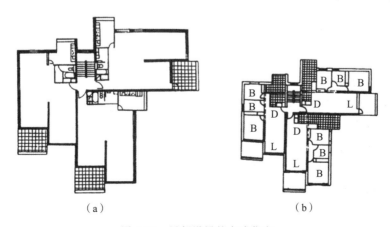

（a）   （b）

图 5-97 局部设梁的点式住宅

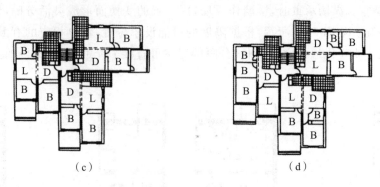

（c）　　　　　　　　　　　　　（d）

图　5-97（续）

④ 曲折形空间的分隔。图 5-98 为无锡支撑体住宅，在套型为 Z 字形空间的条件下，厨房、卫生间布置相对固定，但也可根据家庭生活的变化，改变居室数量和房间组合关系，以增强套型的应变能力。

（a）底层平面　　　　　　　　　（b）套内灵活划分

图 5-98　无锡支撑体住宅

（2）大开间结构住宅的可变性

对于大开间结构的住宅来说，由于开间加大，套内空间分隔的灵活性也相应增大。大开间的跨度应能分隔为两个空间，一个大房间至少宽 3.0m，小房间至少宽 2.4m，所以大开间的跨度以不小于 5.4m 为宜。跨度在 6.0m 以上的大开间，分隔就更灵活一些。大开间的结构为双向承重时，其形状以较方正的为好，这样结构较为经济。按大开间的平面形状分，有长方形和缺角长方形两种。

① 长方形平面。其优点是平面方整,空间划分灵活,结构简洁。如图 5-99 所示,将厨房、卫生间固定不变,并与长方形大空间在结构上分开处理,按照家庭的生命循环周期的变化,将套型空间划分成 6 种不同分隔的平面。

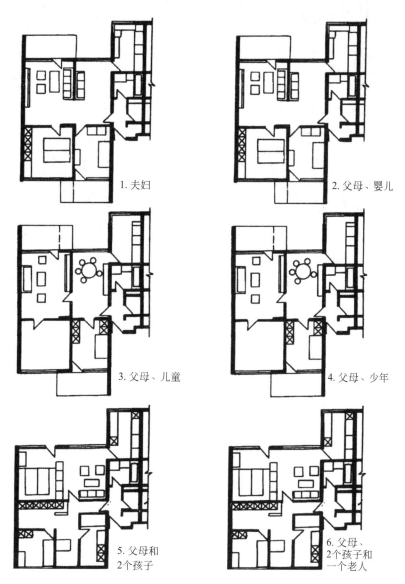

1. 夫妇

2. 父母、婴儿

3. 父母、儿童

4. 父母、少年

5. 父母和 2 个孩子

6. 父母、 2 个孩子和 一个老人

图 5-99　德国住宅方案

② 缺角长方形平面。当厨房、卫生间固定或由于楼梯位置的缘故,组合时为使平面紧凑,大开间部分形成缺角(图 5-100)。该方案实施之后,住户按各自的不同需求,对空间进行了不同的分隔,各户之间没有一户是相同的。从选例中可以见到,起居室有的在南,有的在北,卧室数量也有多有少,厨房有的改在阳台上,而将原来的厨房空间改为餐室或小卧室,用餐位置有的与起居室合一,有的另隔出专用餐室,有的放在阳台上。在尽端的单元中,由于在山墙上可以开窗,从而增加了分隔的灵活性。

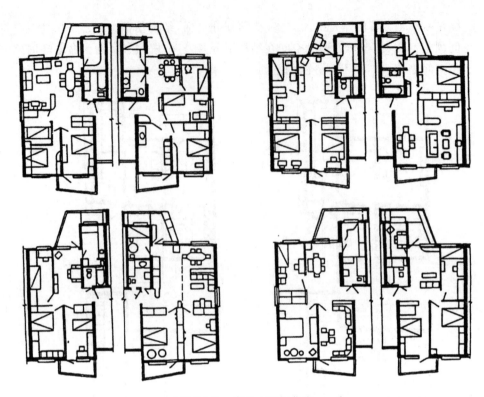

图 5-100　常州大开间住宅

（3）框架住宅的可变性

框架轻板住宅以柱子传递垂直荷载,墙体只起围护和分隔作用,因而空间分隔的灵活性也较大。柱距小则灵活性小,柱距大则灵活性大。框架梁吊在板下,对空间分隔有影响,如做成扁梁可减轻其影响。不设梁的板柱结构体系顶棚平整,对分隔更为有利。方形框架柱常凸出于室内,对家具布置有一定妨碍。近年来发展了一种异形框架柱结构,有时亦称为"薄壁框架结构",即将柱子做成 T 形、L 形或一字形,其柱肢厚度与一般墙厚相似,施工完成后墙面与柱面相平,从而克服了柱子对室内布置的影响。

① 方形框架柱。图 5-101 所示为 3 排柱网、大小跨结合的住宅方案。将厨房、卫生间及小卧室设于小跨,居住空间为大跨,楼梯采用单跑直上的回转式,避免了双跑楼梯休息平台对框架柱的影响,从而使结构构件简化,而且可充分利用梯段上下的空间增加使用面积。

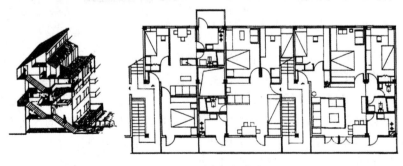

图 5-101　重庆框架住宅

② 异形框架柱。图 5-102 为 3 排柱网异形柱结构。采取支撑体的设计方法,规定了可设置管道的厨房、卫生间布置的区域,从而增大了平面布置的可变性。但对于垂直组合来说,要将厨房、卫生间布置相同的平面叠合在一起,以便于上下管网的连接。

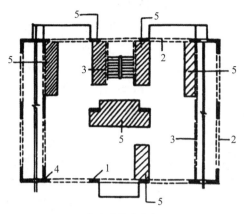

(a)支撑体构架

1—分散的钢筋混凝土墙肢;2—外檐连梁;

3—内连梁;4—可横向也可纵向的墙肢;

5—厨房、卫生间位置

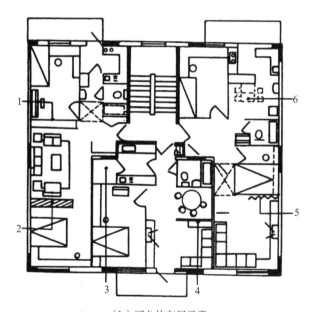

(b)可分体布局示意

1—轻质隔墙;2—家具分隔;3—贮存;

4—玻璃隔断;5—折叠门;6—折叠饭桌

图 5-102 天津框架住宅

（4）厨卫布置的灵活性

为了使厨房和卫生间在平面布置时具有灵活性，并且使管道隐蔽，又便于维修和管理，在建筑设计方案中应统一考虑。图 5-103 为梯间管束式方案，在楼梯间设置立管集中区，布置水、电、气 3 种立管和水、电、气 3 表，既维修方便，又便于户外查表（现在已发展了一种远传技术，水表、气表仍安装在户内，通过远传技术在户外查表），在楼板上设一水平管槽，内走水平管线，上加活动盖板，方便维修，围绕管线区可灵活布置厨房和卫生间，并为今后更新和改造提供了条件。图 5-104 为法国容纳式住宅和 Cuadra 新样板住宅，都是通过空心柱布置技术管线，容纳式住宅其户平面位置和面积固定不变，采用梅花桩式排列的空心柱布置管线，形成不同的平面布局。

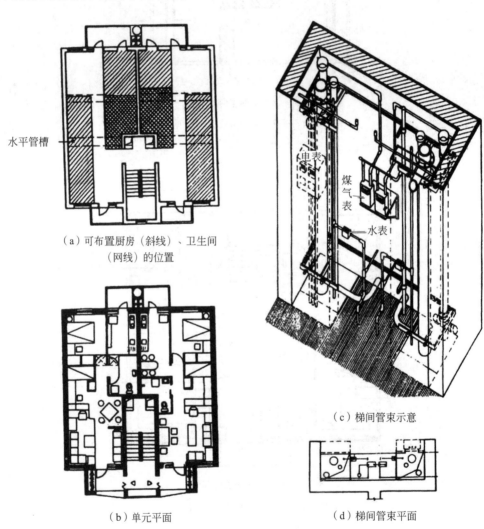

（a）可布置厨房（斜线）、卫生间（网线）的位置

（b）单元平面

（c）梯间管束示意

（d）梯间管束平面

图 5-103　北京梯间管束式住宅

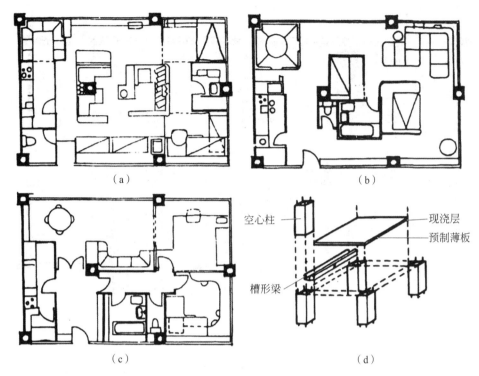

图 5-104 法国空心管柱住宅

(5) 套型的远、近期结合

近期的住宅标准较低,每户面积较小,设备也不完善;远期面积加大,标准提高,设备也相应完善。为了不使近期的住宅推倒重来,在设计时就应预计到改造与提高的可能性,形成所谓"潜伏设计",这样就较好地解决了远、近期的矛盾,也避免了财力、物力的浪费。潜伏设计的方式有两种,一种是单元之内的改造,可以是一梯 3~5 户改变为一梯两三户,如图 5-105 所示,由一梯 5 户改为一梯 3 户。另一种是相邻单元之间的改造,在承重墙上预留洞口,将套型面积适当扩大,如图 5-106 所示,在改造时,往往要扩大厨房、卫生间的面积,或适当改变其位置,这时要考虑到结构及设备管线的处理。

图 5-105 北京小后仓住宅

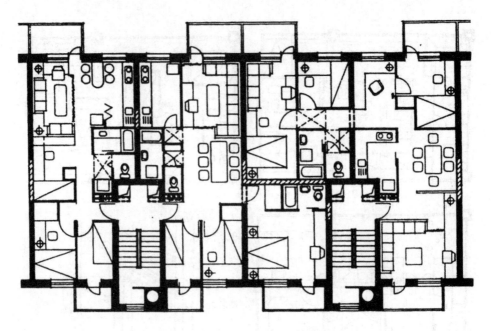

图 5-106　北京某住宅方案相邻单元间改造

（6）套型的弹性扩建

为了增加面积而又不影响相邻住户的面积，只有采取扩建或加层的办法来解决，这在旧住宅改造中是经常遇到的。在设计阶段就应该预计到这种需要，给套型的弹性变化留有余地。这主要是指在弹性扩建时，要照顾到周围的环境条件，不影响住宅的日照、采光和通风，并在房屋间保持应有的间距。扩建的方式按层数不同有 3 种情况，一是底层扩建，即在基地容许范围内加建平房，以增加底层房间；二是多层部分扩建，在设计时预先留有余地，需要在不动或少动原有结构的情况下，扩大房间面积，增加阳台，甚至可增加一间用房，住户不用搬迁，施工方便（图 5-107、图 5-108）；三是顶层扩建，在屋盖、墙身、基础等结构荷载允许时，在不影响周围住户日照的前提下，利用屋顶露台加盖或改建屋顶阁楼层，增加顶层住户的室内使用空间。

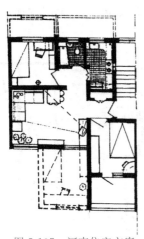

图 5-107　河南住宅方案

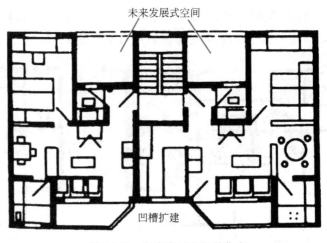

图 5-108　留有发展空间的住宅

（7）"空壳式"住宅

为了给住户更大的灵活自由度，只将住宅的主体结构和外围护结构完成，并完成公共交通部分如楼梯、公共走廊以及厨房、卫生间部分的管道系统，而室内隔墙、门窗、厨房、卫生间设备以及装修等均留待住户自己去完成，这样，住户可以根据自己的经济能力和生活方式，并按照自己的兴趣爱好自主地建设自己的家。"空壳式"的结构可以是前述的小开间砖混结构，也可以是大开间或框架结构，其可变性由结构特点及建筑方案而定。

（8）住宅多步完善式

在自建住宅时，如住户的经济实力不足以一次投资到位，可以采取多步完善的方式。这种方式也称核心住宅，即先建设主体骨架部分和厨房、卫生间管道系统，有基本居住空间可以满足生活上的基本需求，然后按住户经济的增长幅度，逐步分隔空间、增加居室、完善厨房和卫生间设备，直至最后完善室内外装修（图5-109）。

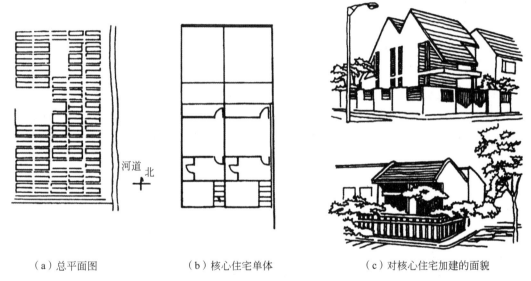

（a）总平面图　　　　　（b）核心住宅单体　　　　（c）对核心住宅加建的面貌

图5-109　曼谷廊席居住区住宅

为了提高套型的适应性与可变性，除了在建筑设计方案上下功夫外，还要充分注意建筑技术的发展，特别是结构体系的发展对套型的适应性与可变性有重大影响。

小跨横墙承重系统往往使平面布置僵化，选用大开间承重系统或框架结构系统将有利于提高套型的适应性与可变性。发展轻质高强的隔墙材料，研究灵活的装配构造，将为灵活划分空间创造有利条件。设备管线的配置也对空间灵活划分起制约作用，要尽量集中化、系统化，以利于空间的重新分隔。

从设计过程来讲，居民参与设计将调动使用者的能动因素，真正体现住宅为"人"服务的宗旨，既能充分满足居住者的使用要求，又避免了千篇一律、千房同型的弊端，促使住宅建筑多样化，也会使住宅的乡土性和人情味更浓，更富有表现力。

5.4 装配式住宅标准化与多样化

住宅建设是大量性的社会化生产过程,为了适应各种家庭不同生活方式的需要,住宅建筑设计既要方便于社会化的大生产,又要满足住户多样化的需求。前者是手段,后者是目的,两者相辅相成。

为了满足社会对产品的大量需求,工业化生产要求产品种类、规格及数量在一定时期内保持稳定,标准化是社会化大生产的前提。社会生产、生活内容的不断发展和提高,又要求产品不断更新,品种多样。所以标准化和多样化的设计内容既是对立的,又是统一的。标准化就是确定规格、品种中的不变因素,多样化就是在标准化基础上,组织其可变的灵活因素,使二者协调统一起来。

住宅的标准化和多样化所包含的内容很广,在不同时期、不同地区及不同的技术条件下,其表现形式也不一样。从我国当前的住宅设计来说,主要内容包括设计模数和各项参数的最优选择,构配件的定型化设计,套型种类和平面设计,单元类型设计,组合体类型设计,立面及细部处理多样化设计,空间环境多样性设计等。

所谓系列化就是将"一定的质与量"按一定的"规律"排列成序,用以满足多样化的需求,系列化是满足多样化的更高层次。住宅设计的系列化内容主要是套型设计系列化,厨房和卫生间设计系列化。

5.4.1 模数网和建筑参数的确定

住宅的开间、进深和层高3个方向扩大模数和建筑参数的确定是住宅标准化的前提。目前国外常用的扩大模数网有 3M×3M、6M×6M、6M×12M 以及 12M×12M 等(M 为建筑模数单位,1M=100mm)。严格执行国际标准化模数的规定,将有利于建筑构配件进入国际市场,使构配件在国际上能够通用或互换。

扩大模数网的尺寸越小,则级差越小,其灵活性越大,但所需构件的规格就越多;扩大模数网的尺寸越大,其结果恰好相反。小尺寸的模数网格对于小开间的承重结构系统较为合适,而开间或跨度较大的结构系统,模数网格的尺寸也宜采用较大的扩大模数,这样可以大大减少构件种类。扩大模数网虽然房屋外形的组合种类减少了,但房屋内部灵活分隔的可能性却大为增加。所以在确定扩大模数网和建筑参数时,应充分考虑结构体系的选择和内部灵活分隔的使用要求。

从平面扩大模数网来说,我国住宅都采用 3M,即以 300mm 为级数的系列。如选用 12M 则参数系列为 1.2M、2.4M、3.6M、4.8M、6.0M、7.2M…可以减少许多构件,但一些常用的参数如 2.7M、3.3M、4.2M、4.5M、5.4M 等则丢失了。因此,还需要补充这些常用参数,这样就可以兼顾大量现行的小开间结构和某些大开间或大跨结构系统。但是对某一具体地区而言,参数不宜过多,而对一个具体的设计而言,就更应减少参数,以利于标准化。

我国住宅高度方向的模数,采用 1M,即 100mm 的倍数,现在多数地区按现行住宅规范采用 2.8m 层高,北京地区已降至 2.7m 层高。从节地、节能、节材来考虑,降低层高有巨大意义,也是我们努力的方向。

在平面扩大模数网中,我国目前都是以墙的轴线(一般内墙是中轴线)来定位的。但这种定位方法在室内装修中带来了非模数化的尺寸,因为室内净尺寸要扣除墙体厚度尺寸。为了使室内净尺寸达到模数化的要求,则采用净模的定位方法,即将墙的轴线定在墙体边缘。这样室内就是符合扩大模数网的净尺寸,对于装修材料及室内设备的尺寸来说,就都能符合模数,从而有利于设备及装修的标准化。

5.4.2 装配式住宅标准化的设计方法

住宅标准化的设计方法应根据国家规定的住宅标准,结合各地区的技术条件,按住宅类型及工程项目的具体条件来选择。一般而言,有幢设计法、单元设计法、套型设计法、基本间设计法、模数构件法 5 种。定型的单位越大,其灵活性就越小,定型的单位越小,则其灵活性越大。

1. 幢设计法

以“幢”为定型单位,“幢”的组成不应过大,如长条形的住宅楼如果定型,其尺度巨大,使用不灵活,结合地形长度也很难恰到好处。但点式或塔式住宅一般体型较小,可根据具体地形环境因地制宜,重复使用,从而成为以“幢”定型的单位。作为标准设计,就要提高质量,在外形上要尽量紧凑,减少面宽尺寸,便于节地。在内部功能上,要保证每户有良好朝向,功能分区明确,使用方便,并注意避免相邻住户间的视线干扰。如点式住宅能在山墙面上不开窗,则增加了相互拼接或与条式住宅拼接的可能性,在使用上更为灵活。

2. 单元设计法

以“单元”作为定型单位,这是我国目前使用较多的住宅标准设计法,它通常用于条形住宅组合体拼接。为了拼接方便,作为一套标准设计,应设计成进深相同而长度不同的几种单元,例如可以设计成 3~6 开间的不同长度,或者设计成较短的单元,再增加插入单元,以改变长度。

3. 套型设计法

以“套型”作为定型单位,套型面积和居室数量按一定规律进行变化,从而形成套型的系列设计。套型系列的变化因素从使用对象来说,是家庭的人口构成,从使用空间来说是面积大小及其不同的分间方式,如图 5-110 所示,按家庭人口结构以 4 种开间组成了 8 种套型系列。图 5-111 则是以 4 种开间组成了 4 种不同使用面积的套型,所不同的是其模数网是按净模来设计的。

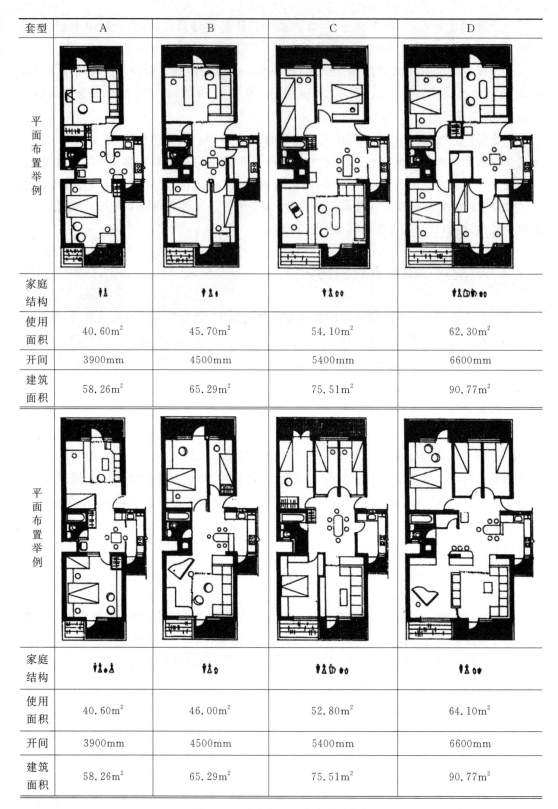

套型	A	B	C	D
平面布置举例				
家庭结构				
使用面积	40.60m²	45.70m²	54.10m²	62.30m²
开间	3900mm	4500mm	5400mm	6600mm
建筑面积	58.26m²	65.29m²	75.51m²	90.77m²
平面布置举例				
家庭结构				
使用面积	40.60m²	46.00m²	52.80m²	64.10m²
开间	3900mm	4500mm	5400mm	6600mm
建筑面积	58.26m²	65.29m²	75.51m²	90.77m²

图 5-110　成都"八五"住宅设计方案

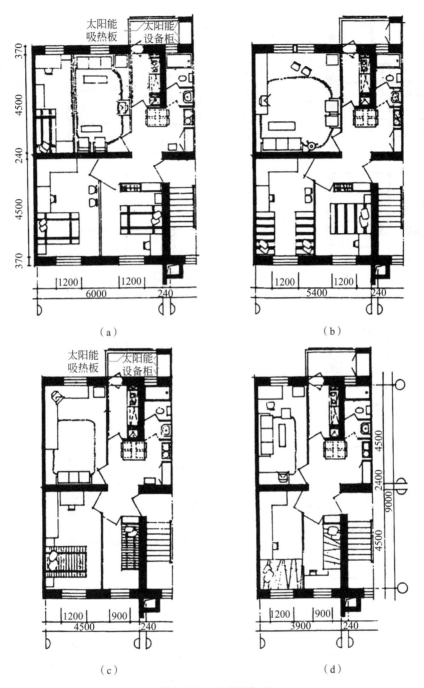

图 5-111　兰州某住宅

在套型系列化设计中,为了增加套型种类,除了改变开间尺寸之外,还可以利用尽端单元和屋顶、底层的特殊部位来改变套型。如图 5-112 所示,D 套型为尽端,利用山墙开窗,增加了居室数量和面积,由 4 种套型的排列组合形成了 9 种单元系列。又如图 5-113 所示,底层设计为复式住宅,以利用空间,并增大了套型;屋顶为坡顶,充分利用阁楼增加使用面积,成为跃层的套型,并利用坡顶的斜度,不增加房屋间距。

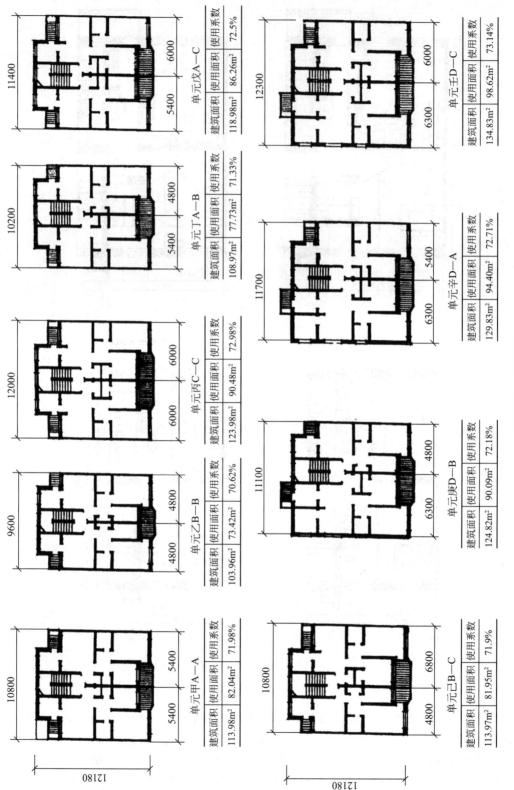

图5-112 山西住宅

单元戊A—C

建筑面积	使用面积	使用系数
118.98m²	86.26m²	72.5%

单元丁A—B

建筑面积	使用面积	使用系数
108.97m²	77.73m²	71.33%

单元丙C—C

建筑面积	使用面积	使用系数
123.98m²	90.48m²	72.98%

单元乙B—B

建筑面积	使用面积	使用系数
103.96m²	73.42m²	70.62%

单元甲A—A

建筑面积	使用面积	使用系数
113.98m²	82.04m²	71.98%

单元壬D—C

建筑面积	使用面积	使用系数
134.83m²	98.62m²	73.14%

单元辛D—A

建筑面积	使用面积	使用系数
129.83m²	94.40m²	72.71%

单元庚D—B

建筑面积	使用面积	使用系数
124.82m²	90.09m²	72.18%

单元己B—C

建筑面积	使用面积	使用系数
113.97m²	81.95m²	71.9%

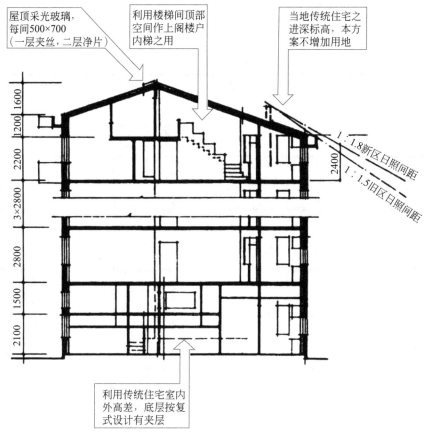

图 5-113　黑龙江住宅

4.基本间设计法

将定型单位进一步划小到"基本间",即在统一模数制和参数的基础上,优选出固定的基本间,如起居室、卧室、厨卫、楼梯间等,由这些基本间组成套型、居住单元乃至个体建筑。这种方法比单元和套型设计法更灵活,因为不仅单元形式可变,套型形式也可按基本间组合来变化(图 5-114)。

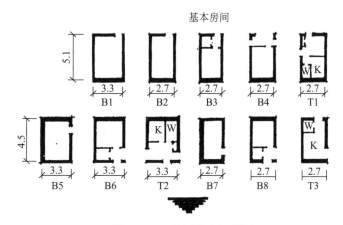

图 5-114　天津"基本间"住宅

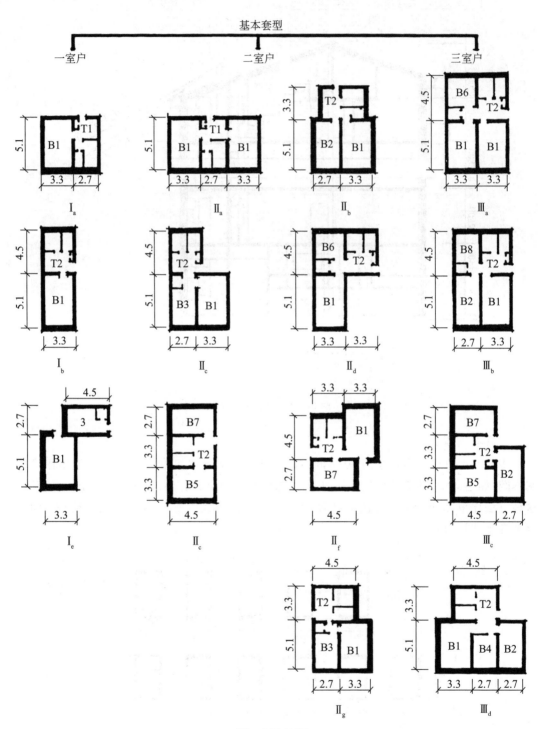

图 5-114(续)

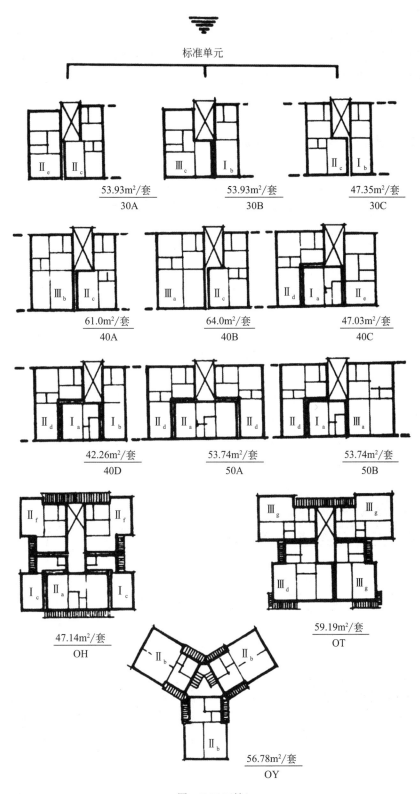

标准单元

53.93m²/套
30A

53.93m²/套
30B

47.35m²/套
30C

61.0m²/套
40A

64.0m²/套
40B

47.03m²/套
40C

42.26m²/套
40D

53.74m²/套
50A

53.74m²/套
50B

47.14m²/套
OH

59.19m²/套
OT

56.78m²/套
OY

图 5-114(续)

5. 模数构件法

在工业化程度较高的国家中,建筑构配件均由厂家生产,以这些构配件作为设计的定型单位,即按一定的模数和统一的构造节点来规范这些构配件,然后编制成产品目录,设计时直接选用构配件来组合,因此其多样化的灵活性就更高,这应该是住宅建筑标准化的发展方向。

5.4.3 装配式住宅多样化的设计

住宅的多样化是标准化设计的另一个方面,两者是密切关联的。由于环境条件和需求的千差万别,住宅的标准设计要去适应它。首先在住宅类型上要多样化,即要有各种类型,包括低层、多层、高层,条式、点式、板式、塔式等。从一套单元设计来说,不仅要开间、长度各异,还要有插入单元、转角单元、尽端单元等。由这些不同的住宅类型和不同的单元,可以组成各种不同的体型,从而达到住宅体型的多样化。

套型的多样化与系列化,前面已经提到,即使相同的套型空间,也可以在套型平面布置上做到多样化的设计。

在住宅的立面设计上也应该多样化,即使相同的单元平面组合,在立面造型处理上也应按照不同环境进行各具特色的处理,图 5-115 为 3 个平直单元组合体的立面多样化设计。

在住宅立面细部处理上,也应采用多样化的手法,如屋盖是平顶或是坡顶,檐口是女儿墙或是挑檐,阳台的栏板(栏杆)是虚或是实,还可结合不同的花台、分体式空调室外机位的形式加以组合。住宅的入口处理更应该是多样化的,以加强识别性,如图 5-116 所示,图中表示了入口的多样化设计。

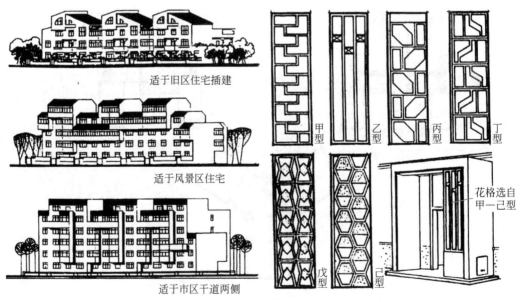

图 5-115　抚顺住宅立面多样化设计　　　　　图 5-116　唐山住宅入口处理

此外,墙面饰面材料和色彩处理也是多样化的一个重要方面,利用不同饰面材料的质感和不同的色彩,可以使住宅立面处理更加生动活泼,富于个性。

最后,住宅外部环境设计也应该是多样化的,外部环境设计包括道路布置、庭院设计、场地设计、绿化种植、花台坐凳等环境小品的设计。

5.4.4 厨房和卫生间设计的系列化

在住宅体系化设计中,厨房和卫生间按进深和开间模数进级,形成不同的面积和不同的设备布置方式,为住宅的多样化设计提供条件,这样也便于厨房和卫生间设备的标准化。图 5-117 和图 5-118 为中国小康住宅 WHOS(Well Housing Open System,WHOS)体系的厨房和卫生间系列化设计。

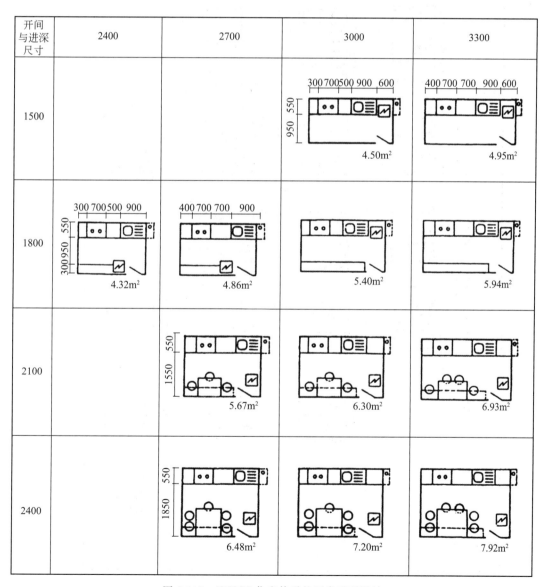

图 5-117 WHOS 住宅体系的厨房系列设计

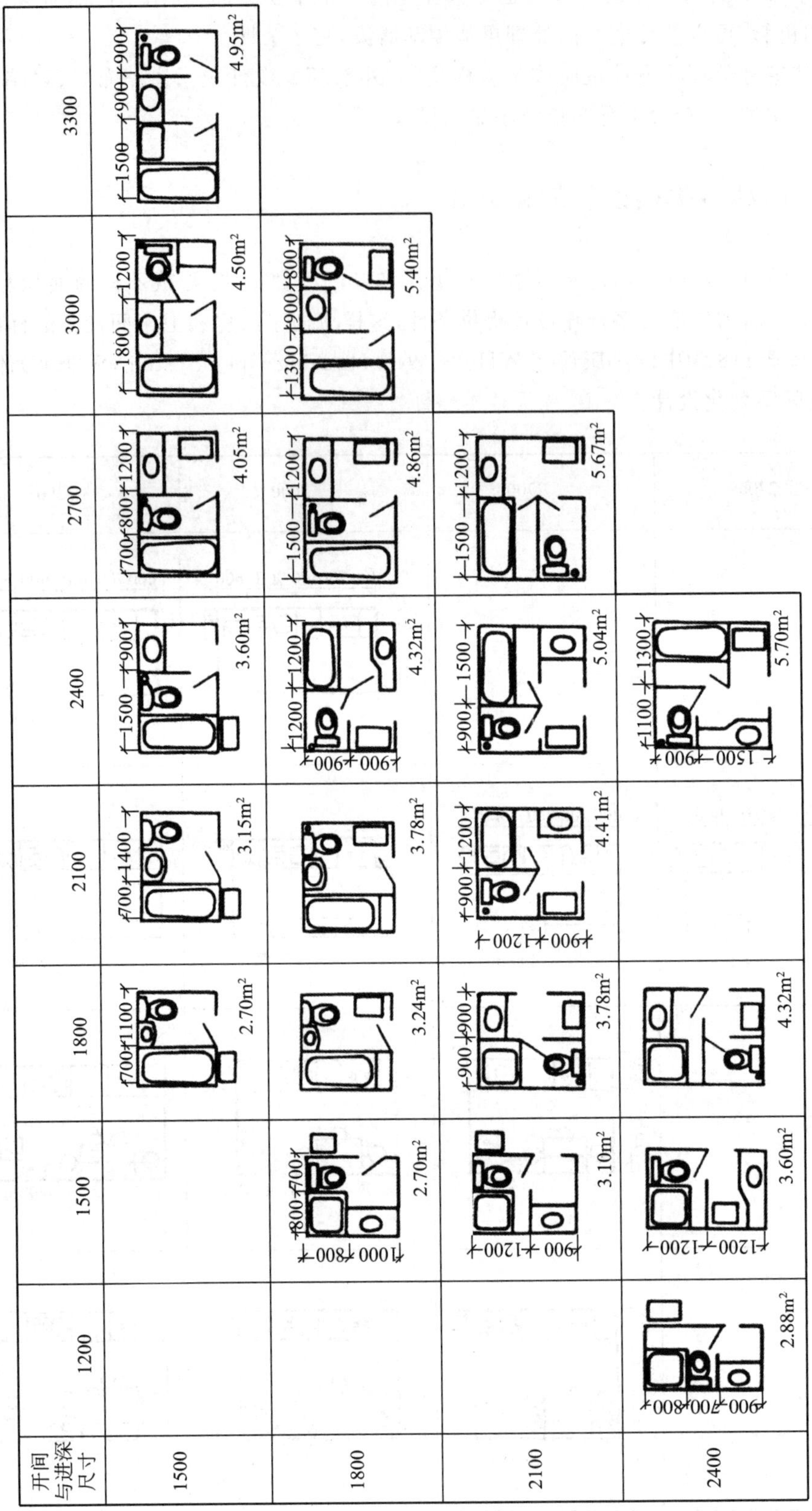

图 5-118　WHOS住宅体系的卫生间系列设计

5.5　装配式多层住宅(青年公寓)设计实训

1. 实训目的与要求

(1) 学习单元空间、集体空间的设计方法。

(2) 强化"场地"认知,学习在特定环境肌理中的建筑内外空间组织。

(3) 明确"以人为本"的设计理念,完成套型空间设计与套型功能模块组合设计训练。

(4) 在设计过程中强化分析草图与工作模型的互动。

(5) 研究青年人的行为方式以及由此产生的空间基本需求。

(6) 建筑技术图纸表达规范,经济技术指标计算正确。

2. 设计思考

(1) 青年人的行为方式有何特点? 这些特点如何体现在套型设计中?

(2) 现存环境中存在什么问题? 设计是如何来解决问题的?

(3) 如何处理建筑与周边场地环境的关系?

3. 场地

详见基地平面总图(图 5-119)。

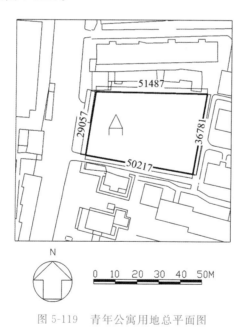

图 5-119　青年公寓用地总平面图

4. 场地设计

所选用地范围内原有建筑拆除,建筑沿街进行退让。汽车停放由周边环境整体规划统一解决,场地内部考虑部分自行车等非机动车停放空间。

5. 建筑基本功能配置

居住单元包含单人间(带卫生间,应考虑工作空间)15～20 间、双人间(带卫生间,应考虑工作空间)20~30间,总床位数≥70床。

茶座或咖啡吧面积为150~200m²,交流活动及生活服务区面积自定,物管及贮藏用房面积60~80m²,交通部分(含门厅、连廊、楼梯间等)面积自定。可根据需要另外适当增加部分使用空间,如休憩、厨房、贮藏间等。按城市规划及所处地段特殊要求,建筑层数不多于5层,总高度不大于15m。建筑密度≤50%,总建筑面积控制在2500(±10%)m²(架空部分按一半建筑面积进行计算)。

6. 成果内容

实训成果应至少包含以下内容:总平面图、模型、场地分析图、方案生成过程、平面图、立面图、剖面图、人眼视点效果图若干、鸟瞰效果图若干、动画等,最终文本排版、装订成册。

7. 时间表

设计实训大致可分为三阶段展开。第一阶段包括任务书解读、模型制作,案例分析、概念构思,概念草图(总平面、建筑体量、套型空间)等。第二阶段包括方案深化设计、楼栋组合设计、剖立面设计。第三阶段包括绘制CAD平立剖面图、SU建模、效果图及动画、答辩文本排版、参与方案答辩。

8. 案例参考

实训操作过程可参考如下案例。

春晖路青年公寓(烟台/MAT超级建筑事务所)、河面步行桥公寓(柏林/LOVE architecture and urbanism)、Mumuleanu街公寓大楼(罗马尼亚/ADNBA)、Barranca del Muerto复合式公寓(墨西哥/CCA)、Hainbase学生公寓(德国/Max Dudler)等。

学习笔记

第 *6* 章　装配式高层与中高层住宅设计

近几十年来,随着先进工程技术和新型建筑材料的发展,为住宅建筑向高层发展提供了有利条件。早在 20 世纪 30 年代,我国在上海等大城市就已经建造了一些高层住宅。改革开放以后,在一些大城市如北京、上海、重庆、广州、天津、沈阳等地,开始兴建高层住宅。尤其20 世纪 90 年代以来,我国城市的高层住宅建设进入快速发展阶段。导致这一现象的原因是多方面的。随着国民经济的持续发展和城市化进程的不断加快,在人民生活水平普遍提高的同时,也出现了城市发展不平衡和流动人口向大城市集中的趋势,导致大城市中人口与土地资源、生态环境的矛盾大大甚于中小城市。另外,城市的住宅层数发展策略不仅影响居民的居住水平,且与带动住宅产业现代化的发展有密切联系。因此,尽管以多层住宅为主的建设模式仍是当前解决我国城市居住问题的主要手段,但这一建设模式逐步暴露出许多问题,越来越难以适应大城市人多、地少、资源紧张、需求增长的严酷现实;高层住宅的建设成为大城市住宅发展进程中必须认真对待的问题。

各国对高层住宅的定义有不同的理解,有的是以建筑高度来划分,有的是以层数来划分。目前,我国《民用建筑设计通则》(GB 50352—2005)把 7～9 层的住宅称为中高层住宅(有的地方也称小高层);而把 10 层及 10 层以上并设置电梯为主要垂直交通工具的住宅称为高层住宅。

高层和中高层住宅作为住宅的一种类型,除了具备各类住宅的许多共性之外,还具有个性。由于其层数的增加导致容积率提高,因而在节约土地资源、提高空地率方面效果显著;同时体型和高度的变化,有利于形成丰富的城市天际线和城市景观。然而高层住宅也带来一系列问题。

第一,在高层住宅中,电梯取代步行楼梯而成为主要的垂直交通工具。为了提高电梯的使用效率,需要组织方便、安全而又经济的公共交通体系,从而对高层住宅的平面布局和空间组合产生一定的影响。

第二,由于建筑高度增加,使建筑的垂直荷载和侧向荷载大大增加。为了保证建筑结构的安全,需要使用与多层住宅不同的建筑材料和结构体系,对建筑布局会有特殊的要求,不像多层住宅中常用的砖混结构那样灵活和随意。

第三,在给水排水、供电、疏散、防火、防烟及安全上都有新的要求。

第四,由于高层住宅体量巨大,居住人数大大超过多层住宅而出现高密度的居住状况,给居民的心理状态、居住环境、社会环境、城市结构的动态平衡、居住区的空间组织等,都带来了新的问题。

第五,由于高层住宅一次性投资较大,经常性维修、管理费用多,使其总投资大大高于多层住宅,因而在建造时需较多考虑经济因素。同时,高层住宅的大量兴建,使居住区和城市由水平方向发展转化为垂直方向发展,使经济评价方法和范围发生了变化。

第六,随着结构形式的创新带来新的施工方式,同时也影响到设计方法和建筑处理。

第七,中高层住宅还有其特殊的问题,涉及节地、经济和使用舒适性等方面。

综上所述,高层和中高层住宅并不是多层住宅的简单叠加,而是具有其自身的特点。认识和掌握这些特点,对进行高层住宅和中高层住宅的设计和研究工作是非常必要的。

6.1 装配式高层住宅的垂直交通

高层住宅的垂直交通是以电梯为主、以楼梯为辅组织起来的。以电梯为中心组织各户时,如何经济地使用电梯,以最少的投资和最低的经常性维护费用争取更多的服务户数,是高层住宅设计中需要解决的主要矛盾之一。在一些生活水平较高的经济发达国家,在多层、低层住宅中也设置电梯。

6.1.1 电梯的设置

在高层住宅中,电梯的设置首先要做到安全可靠,其次是方便,再次是经济。

安全可靠就是要保证居民的日常使用,即使当一台电梯发生故障或进行维修时,也有另外的电梯可供居民使用。因此在《住宅设计规范》(GB 50096—2011)中规定,12层及12层以上的高层住宅每栋楼至少需要设置两部电梯,且其中一台宜能容纳担架出入。

使用方便与电梯的数量有关,要方便就得多设电梯,但这往往与经济性相矛盾,因为多设电梯的一次性投资和经常性管理费用都较高;相反,片面地强调经济,少设电梯,则会造成使用的不便。为此,许多国家规定了定量的客观标准,也称为服务水平,即在电梯运行的高峰时间里,乘客等候电梯的平均值(单位是 s)。不同的国家,标准也不同:如美国认为在住宅中,等候电梯的时间小于 60s 较理想,小于 75s 尚可,小于 90s 较差,以 129s 为极限;英国和日本规定在 60~90s。

高层住宅电梯数量与住宅户数和住宅档次有关。电梯系数是一幢住宅中每部电梯所服务的住宅户数,通常每部电梯服务的户数越多,则电梯的使用效率越高、相应的居住标准越低。经济型住宅每部电梯服务 90~100 户;常用型住宅每部电梯服务 60~90 户;舒适型住宅每部电梯服务 30~60 户;豪华型住宅每部电梯服务 30 户以下。一般而言,我国的高层住宅电梯设置情况如下:18 层以下的高层住宅或每层不超过 6 户的 18 层以上的住宅设两部电梯,其中一部兼作消防电梯;18 层以上(高度 100m 以内)每层 8 户和 8 户以上的住宅设三部电梯,其中一部兼作消防电梯。电梯载重量一般为 1000kg,速度多为低速、中速(小于 2m/s 为低速,2~3.5m/s 为中速,大于 3.5m/s 为高速)。

对于电梯设置中的经济概念,不能只是简单地压缩电梯数量而影响居民的正常使用,应在保证一定服务水平的基础上,使电梯的运载能力与客流量相平衡,充分发挥电梯的效能,达到既方便又经济的目的。同时为了充分发挥电梯的作用,电梯的设置还应考虑对住宅体型和平面布局的影响。如在平面布置中适当加长水平交通可以争取更多服务户数;但如果交通面积过大,也会引起一系列使用和经济方面的问题,两者需要进行综合比较后才能做出选择。

6.1.2　楼梯和电梯的关系

在高层住宅中虽然设置了电梯,但楼梯并不能因此而省掉,它仍可作为住宅下面几层居民的主要垂直交通;作为居民短距离的层间交通;在跃廊式住宅中,作为必要的局部垂直交通;作为非常情况下(如火灾)的疏散通道。因此,楼梯的位置和数量也要兼顾安全和方便两方面。首先要符合《高层民用建筑设计防火规范》(GB 50045—1995)的要求;在板式住宅中,要注意每部楼梯服务的面积及两部楼梯间的距离;在塔式住宅中,楼梯、电梯相近布置的核心式布局较为紧凑,可以采用一部剪刀楼梯,以取得两个方向的疏散口。其次,楼梯位置的选择及与电梯的位置要适当,作为电梯的辅助交通手段,应与电梯有机地结合成一组,以利相互补充(图 6-1)。

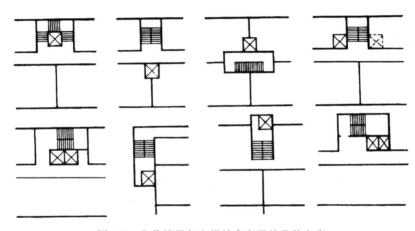

图 6-1　公共楼梯与电梯结合布置的几种方案

塔式住宅的交通体系比较简单,而板式及其他形式的住宅,在安排楼梯位置时,应考虑主要的楼梯间、电梯间的位置对住宅平面及体型的影响。在有多方向走廊时(如十字形、T 形、H 形走廊),应尽可能放在走廊的交叉点,以利各方面人流的汇集;当为一字形走廊时,应根据建筑物的长度和防火规范对疏散间距的规定选择适当的位置,以使楼梯的数量尽可能少。

6.1.3　电梯对住户的干扰

在高层住宅中,电梯服务上层,楼梯服务下层,为了避免相互干扰,可以适当隔离,各设独立出入口。此外,电梯容量最大为 20 人,在上下班人流拥挤时,电梯厅人流集中,比较嘈杂,因而,电梯厅不宜紧邻主要房间,尤其不宜紧邻卧室。电梯厅也不宜过小,以免人群在附近通道中徘徊干扰住户。

楼梯只有人们在走过时才发生零星噪声,而电梯在运转时发生较大的机械噪声,深夜或凌晨对居民的干扰很大,必须考虑对电梯井的隔声处理。一般可以用浴、厕、壁橱、厨房等作为隔离空间来布置。此外电梯服务户数过多对长廊式布局往往也带来一些干扰,必须在设计时加以注意。

6.2 装配式高层住宅的消防与安全疏散

消防疏散问题是高层建筑普遍存在且特别重要的问题。因为高层住宅中厨房是经常使用明火而又易于失火的地方;住宅内部有许多竖井(设备竖井、排烟竖井、垃圾井、暗厕所或暗厨房的通风井等)对火焰和热烟都有很大的抽吸作用,是火灾蔓延扩大的捷径。同时,住宅内人口虽较其他高层建筑如办公楼、旅馆少,但老幼病残者所占比例较高,一旦发生火灾,难于疏散。因此,在设计方案时必须充分考虑消防和疏散问题。

6.2.1 消防能力与建筑层数和高度的关系

消防云梯高度一般在 50m 以内,我国目前高层建筑的高度即是参考这一情况决定的。高度 50m 相当于住宅 18 层,其防火要求是一个等级;超过 50m 即 18 层以上的住宅又是一个防火等级;如果超过 100m,即相当于 36 层以上的住宅,防火要求更高,其防火设施应按《高层民用建筑设计防火规范》(GB 50045—1995)处理。

6.2.2 防火分区与安全疏散

高层住宅内一旦发生火灾,为了不致广泛蔓延扩大,必须将住宅建筑分隔成为几个防火分区,在火势初起时把火灾限制在较小的范围内,使居民能尽快疏散。

各国对防火分区的划分有着不同的规定。在我国,高级住宅和 19 层及其以上的普通住宅属一类建筑,10~18 层的普通住宅属二类建筑。我国《高层民用建筑设计防火规范》(GB 50045—1995)规定:防火分区最大允许建筑面积为一类建筑 1000m²,二类建筑 1500m²;在布置高层住宅内的电梯时,虽然要使电梯尽可能服务更多户数,但同时也必须考虑到防火分区的面积限制和安全疏散楼梯的数量和位置。

高层住宅每个防火分区和地下室应不少于两个安全出口,以保证双向疏散,当其中一个被烟火堵住时,人流仍可由另外一个出口疏散出去。但在下列情况也可只设一个出口。

1. 塔式住宅

18 层及 18 层以下,每层不超过 8 户,建筑面积不超过 650m²,且设有一座防烟楼梯间和消防电梯的塔式住宅,其疏散路线较短且较简捷,能够基本满足人员疏散和消防扑救,可设置一个疏散出口,即只需设置一座防烟楼梯间。

2. 单元式住宅

每个单元设有一座通向屋顶的疏散楼梯,且从第 10 层起,每层相邻单元设有连通阳台或凹廊的单元式住宅,可只设一个疏散出口。

安全疏散间距,是指从户门到安全出口之间的最大距离。位于两个安全出口之间的户门距最近的楼梯间的最大距离应不超过 40m。位于袋形过道内的户门距楼梯间的最大距离则必须限制在 20m 以内。具体计算方法如图 6-2 所示。

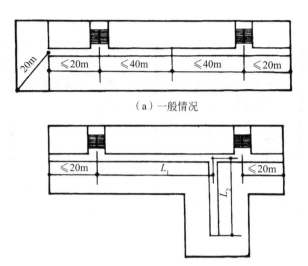

（a）一般情况

（b）位于两安全疏散口之间的袋形走道宜满足$L_1 + L_2 \leqslant 40m$

图 6-2　安全疏散口距建筑内各部位的间距

　　疏散通道应适当加宽，以免疏散居民与消防人员互相从相反方向走动时过于拥挤。疏散通道宜直接采光和通风，若无直接自然通风且长度超过 20m 的内走道，或者有直接自然通风但长度超过 60m 的内走道，应设置机械排烟设施。在建筑底部的出口，不能与底层商店、地下室、锅炉房的出入口混合使用。

6.2.3　安全疏散楼梯的设计

　　根据我国现行的防火规范，长廊式高层住宅一般应有两部以上的楼梯，以解决居民的疏散问题(图 6-3)。在组合式的单元内可只设一部楼梯，为保证双向疏散，还需依靠毗邻单元的楼梯作为疏散通道。因此，楼梯必须通向屋顶，且从第 10 层起每层相邻单元设有连通阳台或凹廊，作为火灾发生时安全疏散的通道之一(图 6-4)。袋形走道末端与楼梯间距离超过规范时，应再增加一部独立的疏散楼梯。

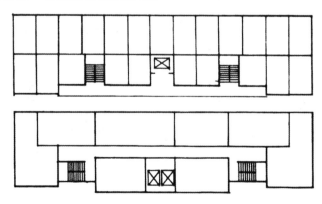

图 6-3　长廊式高层住宅一般设两部疏散楼梯

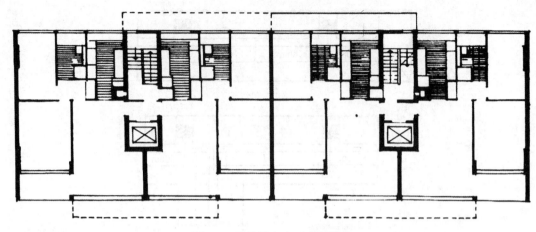

图 6-4 用挑阳台连通毗邻单元

所有一类建筑,除单元式和通廊式住宅以外的建筑高度超过 32m 的二类建筑,以及塔式住宅,均应设置防烟楼梯间(图 6-5 和图 6-6)。防烟楼梯间入口处应设前室、阳台或凹廊。前室面积应不小于 $4.5m^2$,前室和楼梯间的门均应为乙级防火门,并应向疏散方向开启。

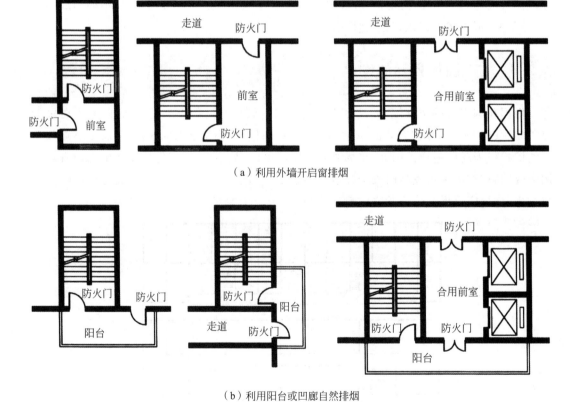

(a)利用外墙开启窗排烟

(b)利用阳台或凹廊自然排烟

图 6-5 防烟楼梯间的自然排烟方式

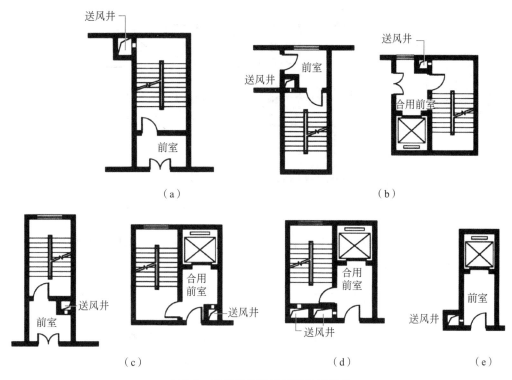

图 6-6　防烟楼梯间机械送风的部位

单元式住宅每个单元的疏散楼梯均应通至屋顶,11 层及 11 层以下的单元式住宅可不设封闭楼梯间,但开向楼梯间的户门应为乙级防火门,且楼梯间应靠外墙,并考虑直接天然采光和通风。12~18 层的单元式住宅应设封闭楼梯间,19 层及 19 层以上的单元式住宅应设防烟楼梯间。11 层及 11 层以下的通廊式住宅应设封闭楼梯间,超过 11 层的通廊式住宅应设防烟楼梯间。

塔式住宅中的暗楼梯方案不易排除烟热,对安全疏散十分不利。有些国家规定,在高层建筑中不准使用暗楼梯。但由于其对面积利用比较经济,还是有不少方案采用暗楼梯间。凡不具备自然排烟条件的防烟楼梯间及前室,必须附有排烟井及机械加压送风井,以机械方式对楼梯间和前室加压,使楼梯间及前室内形成正压而不致受热烟侵入,但这种方式的经常性维护费用较高。

6.2.4　消防电梯的布置

消防电梯是专供消防人员携带消防器械迅速从地面到达高层火灾区的专用电梯,一般载重 800kg 以上。消防电梯应设单独出入口,避免火灾时疏散人流与消防人员发生干扰(图 6-7)。按我国《高层民用建筑设计防火规范》(GB 50045—1995)的规定:塔式住宅、12 层及其以上的单元式住宅和通廊式住宅应设消防电梯。消防电梯可与客梯或工作梯兼用,但应符合消防电梯的要求。消防电梯应设前室,其面积不应小于 4.5m²;而当与防烟楼梯间合用前室时,其面积不应小于 6m²。

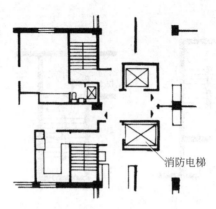

图 6-7　美国某 20 层公寓的消防电梯

在高层住宅中，把电梯和楼梯间布置成为独立的单元，处于敞开排烟的情况之下，即可作为安全疏散出入通道，对消防疏散十分有利（图 6-8）。

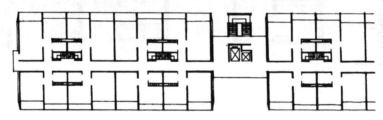

图 6-8　电梯和楼梯间布置成独立的单元

塔式住宅应充分满足适用经济与消防疏散的要求，结合《住宅设计规范》（GB 50096—2011）关于高层住宅设置电梯数量的规定：10～11 层的塔式住宅可只设一部消防电梯和一座防烟楼梯；12～18 层的塔式住宅则应设两部电梯（其中一部为消防电梯）和一座防烟楼梯；超过 18 层的塔式住宅除设两部以上电梯外，还应设置两部防烟楼梯，此时可设为以实体墙分隔的防烟剪刀楼梯（图 6-9）。剪刀楼梯应分别设置前室，确有困难时，可设置一个前室，但两座楼梯应分别设加压送风系统。

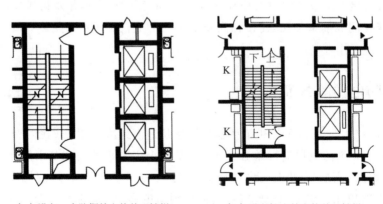

（a）设有一个防烟前室的剪刀楼梯　　　　（b）设有扩大前室的剪刀楼梯

图 6-9　塔式高层住宅中的防烟剪刀楼梯

6.2.5　灭火设备

消防用水应有独立的电源、水泵和远距离开关。室内消防给水管应布置成环状,其进水管不应少于两根,以保证消防水源有足够的水量和水压。消防栓宜设在疏散楼梯或走道附近明显且易于取用的部位,其间距应保证同层任何部位有两个消火栓的水枪充实水柱同时到达失火现场。消火栓的间距由计算确定,且高层建筑不能超过 30m。

6.3　装配式高层住宅的平面类型

与多层住宅不同,高层住宅的平面布局受垂直交通(电梯)和防火疏散要求的影响较大。世界各地的高层住宅按体型划分主要有板式(墙式)和塔式;按交通流线组织又可分为单元组合式、长廊式和跃廊式高层住宅等。现就其几种主要的平面类型简述如下。

6.3.1　塔式高层住宅

塔式住宅是指平面上两个方向的尺寸比较接近,而高度又远远超过平面尺寸的高层住宅。这种住宅类型是以一组垂直交通枢纽为中心,各户环绕布置,不与其他单元拼接,独立自成一栋。这种住宅的特点是面宽小、进深大、用地省、容积率高,套型变化多,公共管道集中,结构合理;能适应地段小、地形起伏而复杂的基地;在住宅群中,与板式高层住宅相比,较少影响其他住户的日照、采光、通风和视野;可以与其他类型住宅组合成住宅组团,使街景更为生动。由于其造型挺拔,易形成对景,若选址恰当,可有效地改善城市天际线。塔式住宅内部空间组织比较紧凑、采光面多、通风好,是我国目前最为常见的高层住宅形式之一(图 6-10)。

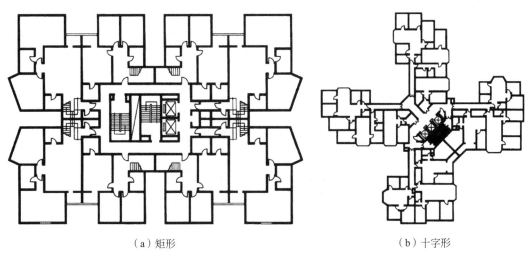

（a）矩形　　　　　　　　　　　　　　　（b）十字形

图 6-10　我国常见的塔式高层住宅平面形式

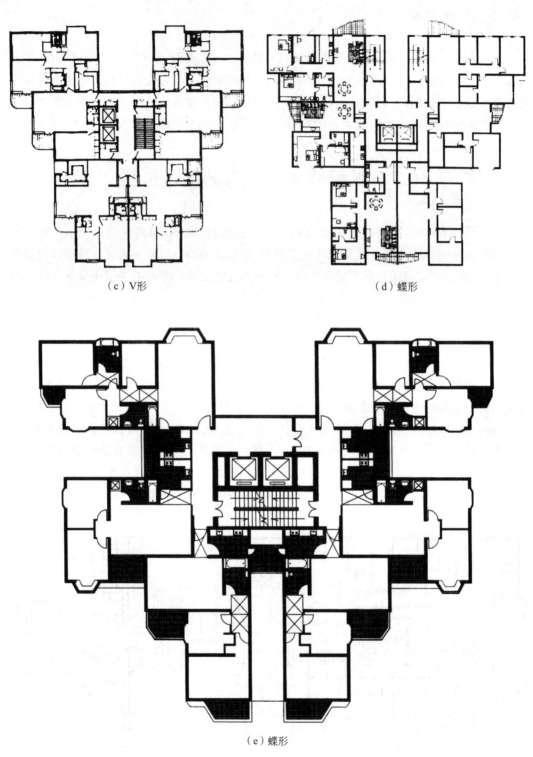

（c）V形　　　　　　　　　　　　（d）蝶形

（e）蝶形

图　6-10(续)

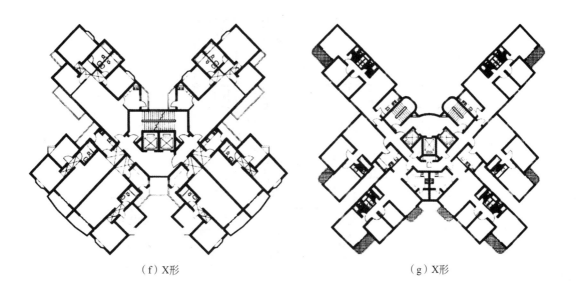

（f）X形　　　　　　　　　　　　　　　（g）X形

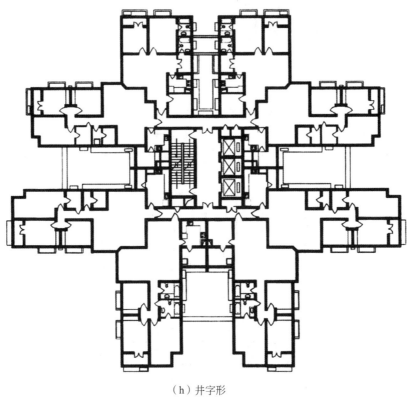

（h）井字形

图　6-10(续)

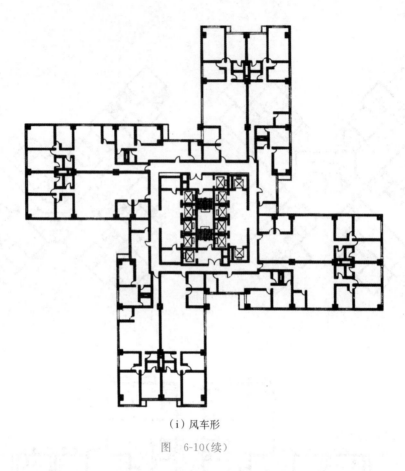

（i）风车形

图 6-10(续)

塔式住宅的平面形式丰富多样,几乎囊括了所有的几何形状(图 6-11)。在我国由于气候因素的影响而呈现地区差异:如北方大部分地区因需要较好的日照,经常采用 T 形、Y 形、H 形、V 形、蝶形等;而华南地区因需要建筑之间的通风,则较多采用双十字形、井字形等。

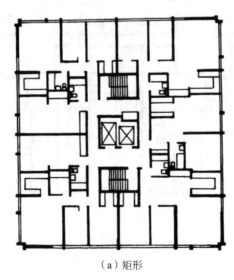

（a）矩形

图 6-11 国外各种形式的高层塔式住宅

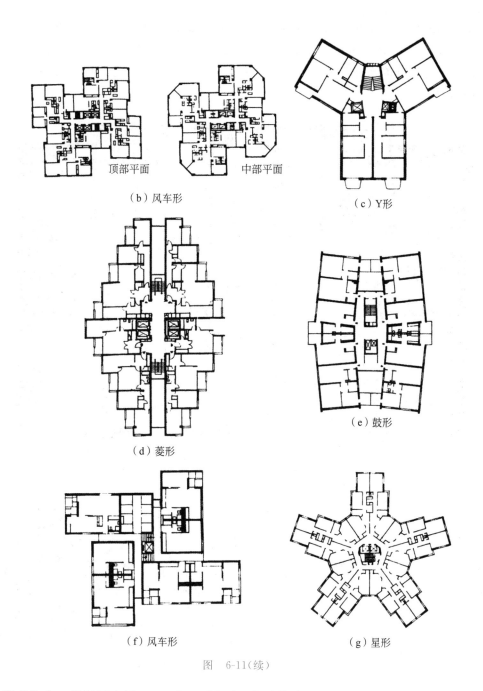

（b）风车形

（c）Y形

（d）菱形

（e）鼓形

（f）风车形

（g）星形

图 6-11（续）

　　塔式住宅一般每层布置4～8户。近年来,为了节约土地,也有布置更多户数的,但这样会增加住户间的干扰,对私密性也有一定影响。

6.3.2　板式高层住宅

1.单元组合式

以单元组合成为一栋建筑,单元内各户以电梯、楼梯为核心布置;楼梯与电梯组合在一起或相距不远,以楼梯作为电梯的辅助工具,组成垂直交通枢纽。单元组合式一般在一单元内仅设一部电梯,电梯每层服务户数为 2～4 户,内部水平交通面积较少,因而安静而较少干扰。以单元组合成的板式高层住宅,是我国目前较为常见的高层住宅形式之一(图 6-12)。

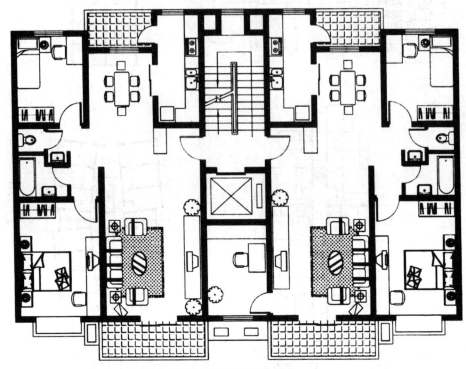

(a)11层的单元式高层住宅

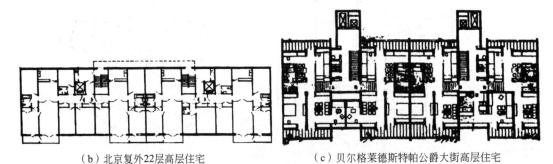

(b)北京复外22层高层住宅   (c)贝尔格莱德斯特帕公爵大街高层住宅

图 6-12　单元组合式高层住宅平面形式

单元组合式高层住宅平面形式很多,为提高电梯使用效率,增加外墙采光面,照顾朝向及建筑体型的美观等,平面形状可有多种变化。常见的有矩形、T 形、Y 形、十字形等。也有以电梯、楼梯间作为单元与单元组合之间的插入体,这种灵活组合适用于不同地段和各种套型的需要,有利于消防疏散。还有的以多种单元组合成墙式或各种形式的组合体,以围合成大型院落(图 6-13)。

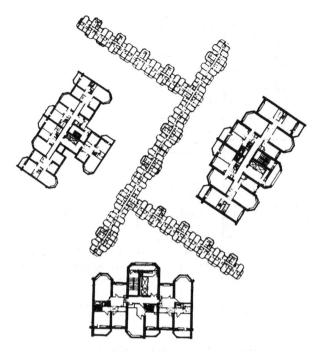

图 6-13　多种不同单元组成墙式组合体

2. 内廊式

内廊式住宅是国外常见的高层住宅形式之一。其特点是主要通道位于平面中部,各户沿内廊两侧布置。内廊式方案的走道常见的有一字形、L 形、口形,还有 Y 形、十字形等(图 6-14)。楼电梯间根据使用功能和防火疏散的要求多设于走道中部或节点部位。内廊式住宅可以经济有效地利用通道,使电梯服务户数增多。其缺点是每户面宽较窄,采光、通风条件较差,往往出现暗厨和暗厕,对防火安全不利;套型标准较低;受朝向影响的户数多。因此,采用内廊式方案时需考虑地域特色和气候条件,还应兼顾居民的生活习惯(图 6-15)。

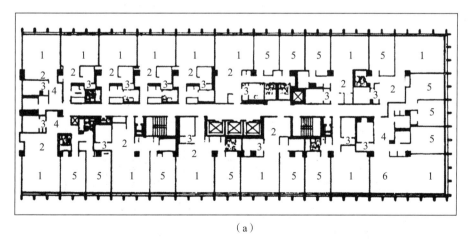

（a）

图 6-14　常见的内廊式高层住宅方案

1—起居室;2—餐厅;3—厨房;4—过厅;5—卧室;6—餐厅

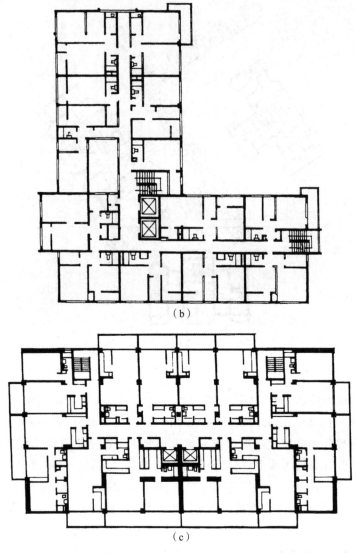

（b）

（c）

图 6-14（续）

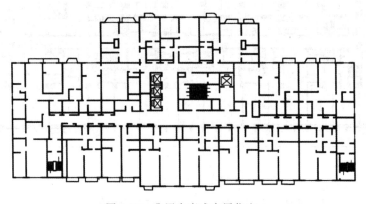

图 6-15　我国内廊式高层住宅

3. 外廊式

外廊式平面即以外走廊作为水平的交通通道(图6-16)。在有些国家如日本,外廊式住宅是14层以下高层住宅的主要形式。外廊式住宅与内廊式一样,可大大增加电梯的服务户数;若把楼梯、电梯间成组布置成几个独立单元,即可以利用外廊作为安全疏散的通道。与内廊式不同的是,外廊式平面每户日照、通风条件较好,且住户间易于进行交往;其缺点是外廊对住户干扰大。为解决这一问题,可将外廊转折或适当降低外廊的标高,以减少干扰。

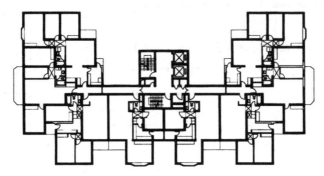

（a）我国外廊式住宅方案

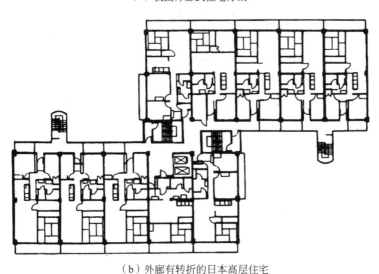

（b）外廊有转折的日本高层住宅

图6-16 外廊式高层住宅

4. 跃廊式

跃廊式高层住宅每隔一或二层设有公共走道,由于电梯可隔一或二层停靠,从而提高了电梯利用率,既节约交通面积,又减少了干扰。对每户面积大,居室多的套型,这种布置方式较为有利。

跃廊式住宅的组合方式多样,公共走道可以是内廊或外廊,跃层可以跃一层或半层,通至跃层的楼梯,可一户独用、二户合用或数户合用。

内廊跃层式住宅(图6-17)是隔层设公共内廊,户内跃层;走廊层安排入户门、起居、厨、卫、餐厅等与起居相关的空间;跃层则主要安排卧室、书房等。其优点是动静分区明确,走廊对户内干扰小;将户外公用面积转化为户内使用,提高了交通空间的利用率;每户楼上、楼下房间可交叉布置在廊的两边,可有效改善每户的日照和视线;同时也使进深加大,节约土地。

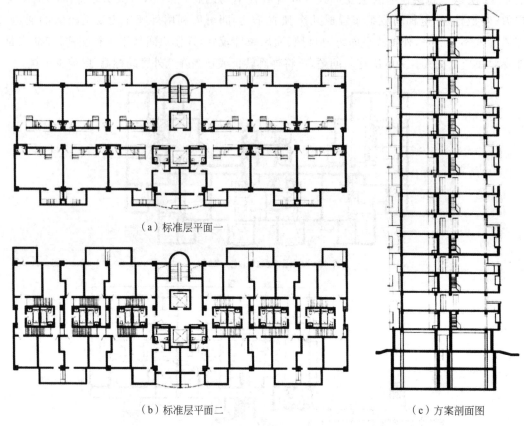

（a）标准层平面一

（b）标准层平面二

（c）方案剖面图

图 6-17　内廊跃层式住宅

外跃廊式住宅是将通廊设于北向(或西向)两层之间楼梯平台的标高处,通过上、下半跑楼梯入户,走廊则隔层设置,在一定程度上解决了走廊对住户的干扰(图 6-18)。另一种外廊跃层式住宅是三层设一外廊,廊层平层入户;廊上、下两层从公共楼梯入户(图 6-19)。其优点是廊的上、下层不受通廊干扰,比较安静,日照、通风均较佳;但廊层则尚不能完全解决干扰问题。设计中应尽量将餐厅、厨房邻近走廊布置;窗户装防视线干扰的毛玻璃和防盗栏杆。

跃廊式往往与单元式、长廊式等结合而取长补短,混合使用。塔式住宅由于套型设置的需要,也可局部跃层。跃廊式住宅除可弥补其他住宅形式的缺点外,兼有套型灵活多样、空间组合变化丰富的特点。但其上、下层平面常不一致,如不采用轻质隔断则结构和构造比较复杂;设备管线要注意上、下层的关系变化;小楼梯的位置要布置得当,其结构、构造要合理,否则使用不便,不利于工业化施工。另外,随着人民生活水平的提高,住宅中的无障碍设计日益受到关注。而某些跃廊式住宅必须通过楼梯入户,故无法发挥电梯的优势而做到完全的无障碍设计。

跃廊式住宅的变化很多,可进行灵活组合,探索一些新的手法。

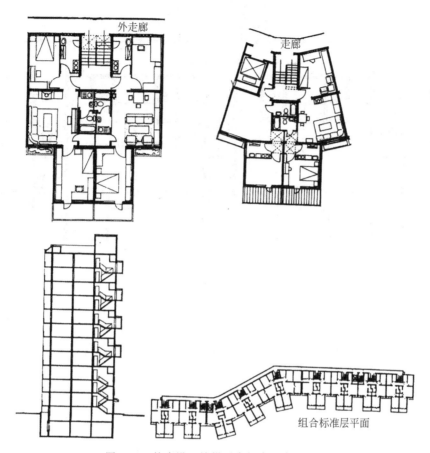

图 6-18　外廊设于楼梯平台标高的高层住宅

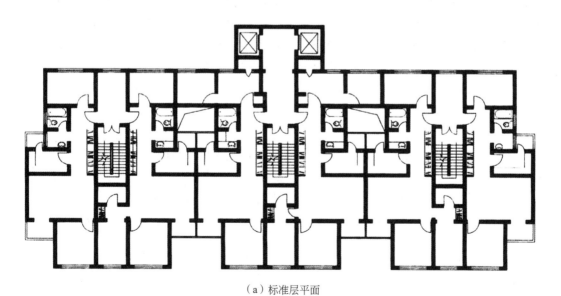

（a）标准层平面

图 6-19　外廊跃层式住宅

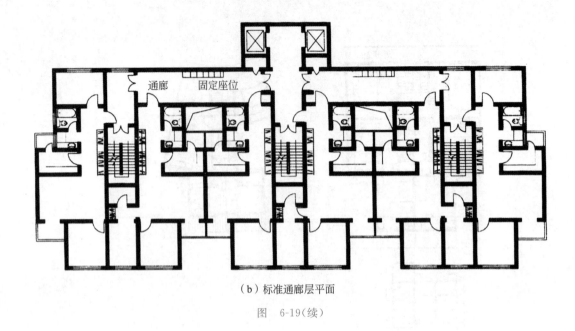

（b）标准通廊层平面

图　6-19（续）

6.4　装配式高层住宅的结构体系及设备系统

6.4.1　结构体系

高层住宅的结构体系不仅要承担一系列垂直荷载，还要承担较大的风荷载和因地震而产生的水平荷载。这种水平荷载，建筑物层数越高影响越大。因而，除必须尽可能地减轻自重，尽量选用轻质高强的建筑材料外，还必须使其结构体系有足够的抗侧移和摆动的能力。

早期高层建筑承重结构完全采用钢材，因为钢结构重量轻，材料性能均匀，并可根据结构需要制作成各种不同的截面，适应性强，还可制作复杂的大型构件。但用钢量过大有可能损害经济效益，只有在层数相当高时才有经济意义。以钢筋混凝土作高层住宅的骨架材料，在我国已有较长的历史，形成了比较成熟、适用的结构体系。

1. 框架结构体系

框架结构对高层住宅平面布局、户内空间划分均表现出很强的灵活性，尤其对于底层为商场、上层为住宅的商住综合建筑，采用框架结构易于形成底层的大空间。但结构梁柱在室内的暴露影响了室内空间的划分，应精心处理方能取得好的效果。由于框架结构承受水平荷载的能力不高，因此不能建得太高，常适用于15层以下的高层住宅，特别是用在高层商住楼中。

由于常规框架柱的截面尺寸往往大于墙厚，其凸出部分对室内空间（特别是小房间）和家具布置造成较大影响。因此，常采用截面宽度与墙厚相等的 T 形、L 形的异形柱，使室内空间更为完整、美观（图 6-20）。

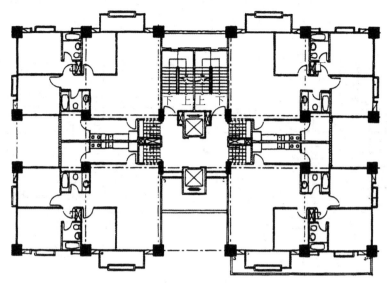

（a）框架结构体系

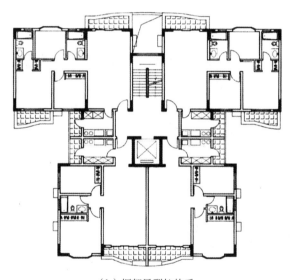

（b）框架异型柱体系

图 6-20　高层住宅的框架结构体系

2. 剪力墙结构体系

剪力墙结构由钢筋混凝土墙体承受全部水平和竖向荷载,同时兼作分间墙。剪力墙沿横向、纵向正交布置,或沿多轴线斜交布置。由于剪力墙结构体系的承重墙与分间墙合二为一,采用小开间会大大约束住宅平面布置的灵活性,因此可以将开间扩大为 6~9m,尽量利用纵横方向的剪力墙作为分户墙,以免在墙上开洞;在户内采用轻质隔墙,以满足住户灵活分隔空间、增强适应性的要求(图 6-21)。

剪力墙可以现场浇制钢筋混凝土墙板,也可以在工厂预制大壁板,在施工现场装配。现在国外把剪力墙体系中的承重结构和外围护结构进行分工,将几种不同的施工方式综合运用,预制具有保温、隔热性能的外墙板,现浇或预制的内承重墙体系以轻骨料或抽心方法使之自重轻而又强度高。由于剪力墙结构体系刚度大,空间整体性好,适用于 30～40 层的高层住宅。

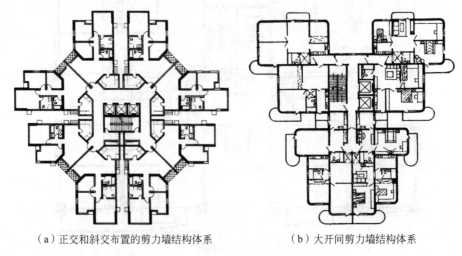

(a)正交和斜交布置的剪力墙结构体系   (b)大开间剪力墙结构体系

图 6-21 高层住宅的剪力墙结构体系

3. 框架—剪力墙结构体系

在框架结构中布置一定数量的剪力墙,可以组成框架—剪力墙结构。这种结构既具有框架结构布置灵活、使用方便的特点,又有较大的刚度和较强的抗震能力,在国内高层商住楼中使用最为广泛(图 6-22)。住宅部分的剪力墙通过结构转换层将底部转换为框架结构,形成框—支剪力墙,适用层数为 15～30 层。

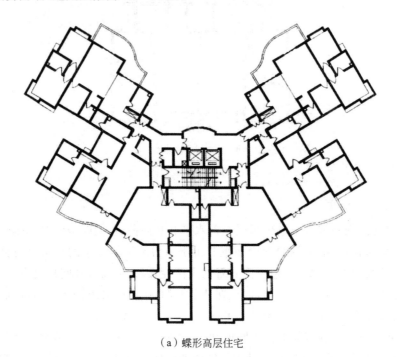

(a)蝶形高层住宅

图 6-22 高层住宅的框架—剪力墙结构体系布置示意图

（b）北京16层公寓

图　6-22（续）

4. 芯筒—框架结构体系

由于高层商住楼大多为塔式建筑，通常将电梯、楼梯、服务用房组成的核心筒做成钢筋混凝土结构，与框架共同工作（图 6-23）。这样，既加强了结构整体刚度，且使平面有效使用部分仍保证了灵活性，一般适用于 50 层以下的建筑。

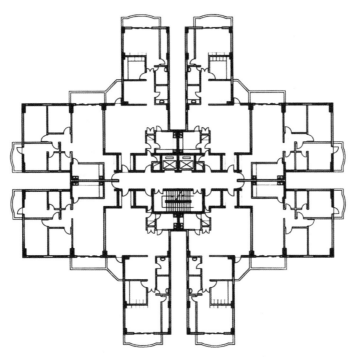

图 6-23　高层住宅的芯筒—剪力墙结构体系

5.地下室设计

随着高层建筑向地面上空不断发展,从结构的角度考虑地下室的设置,有助于地面上建筑的稳定性,也有利于抵抗地震力的冲击。高层地下室在满足结构要求的同时,也为高层住宅的某些功能如汽车库、自行车库、垃圾间、电梯间及各类设备用房提供了足够的空间。高层住宅的地下室设计更应注意防火和消防疏散。

由于基地限制和功能要求,常将地下车库与设备用房分层设置,车库位于负1或负2层,设备层位于更下的楼层。地下车库的规模视高层住宅的规模和标准而定,除地下停车外还应考虑一定比例的地面停车。地下停车库平均每车位 $37 \sim 47 \mathrm{m}^2$,室外停车场平均每车位 $27 \sim 37 \mathrm{m}^2$。一般高级住宅每户设 0.5 个车位;但随着我国经济的发展,应考虑不同城市家庭轿车数量的发展对高层住宅停车要求的变化(图 6-24)。

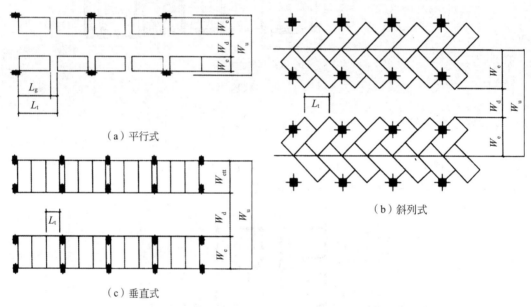

（a）平行式

（b）斜列式

（c）垂直式

图 6-24　高层住宅地下室的停车方式

W_u—停车带宽度;W_e—垂直于通车道的停车位尺寸;W_d—通车道宽度;

L_g—汽车长度;L_t—平行于通车道的停车位尺寸

总之,高层住宅的结构体系比较重要,建筑的平面布局需较多地适应结构的要求,做到平面紧凑、体型简洁;与此同时,结构选型也需要为建筑的灵活性提供可能,考虑将来发展与提高的需要。

6.4.2　设备系统

高层住宅的设备系统有供暖系统、给水系统、排污水系统、排雨水系统、燃气系统、供热水系统、空气调节系统、电器及照明系统、电视及通信系统、安全防卫系统等。我国住宅标准较低,供热水系统和空气调节系统在一般住宅内都未能采用。如何根据我国高层住宅的特点,将各类管道布置与住宅内部空间组织紧密配合十分重要。

高层住宅较高的部分,尤其在 20 层以上的房间散热量大,管道抽吸力大,耗热量大。

采暖系统可以分成上行下给或下行上给布置,但必须考虑风压和热压的相互关系(图 6-25)。

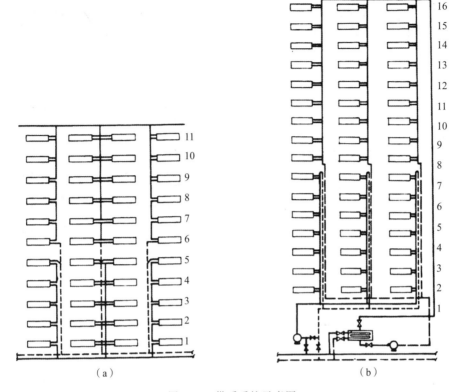

图 6-25 供暖系统示意图

高层给水系统一般分为 3 种:①生活给水系统,满足使用者饮用、清洁以及厨厕等日常生活用水。②消防给水系统,包括消火栓系统、自动喷淋系统、水幕系统等。③生产给水系统,包括锅炉给水、洗衣房、空调冷却水循环补充、水景观等。

当高层住宅超过一定高度后,须在垂直方向分成几个区进行分区供水,使每一个分区给水系统内的最大压力和最小压力都在允许的范围内。给水方式一般可归纳为有高位水箱方式和无高位水箱方式两大类。有高位水箱方式设备简单,维修方便,在我国高层住宅中广泛采用。无高位水箱方式对设备要求高,相对造价及维护费用较高,不占用高层的有效空间,不增加结构荷载,可用于地震区。当设置高位水箱受限时,或对建筑造型有特殊要求时,可考虑采用无高位水箱方式。

分层供水体系与消防用水体系之间必须沟通。消防用水自备专用水泵、电源,不另设水箱。消防用水水压不受生活用水水压所限,以专用水泵保证消防用水的最大水压。此外,消防水管各处应设远程控制电钮,以备火灾时隔断交通以后消防用水不受影响。

污水管排出污水时也须分层处理,尤其在层数过高时,排污水时由于水流加速,使污水管受压过大,会发生反水、冒水、冒泡甚至损坏管道现象。以 13 层住宅为例,上部 6~7 层以上可自成一系统,1~6 层可另成一系统。卫生间及厨房污水与粪管排污系统分开,有利于卫生。各组排污水管道直接排出室外,需预留较多排污管道位置。

排雨水系统从屋面独立直接排到地面,对底层商店、公共入口及地下室均会有影响。

另外随着环保意识的不断加强,雨水的处理利用正逐步引起人们的重视。

设计垃圾道时,垃圾管道不得紧贴卧室、起居室布置。垃圾管道直接下达到收集间,然后装车运走。有条件时可设置漏斗状收集器,以利装车(图6-26)。要注意垃圾收集间应设在能通达汽车的底层。在不设垃圾道时,宜每层设置封闭的收集垃圾的空间或容器,以保持环境卫生。

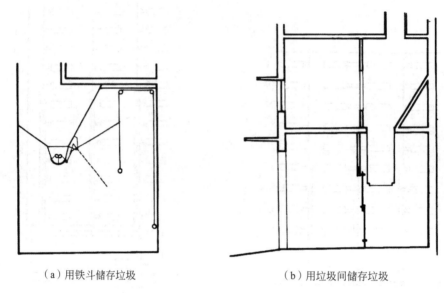

(a)用铁斗储存垃圾　　　　　　　　(b)用垃圾间储存垃圾

图 6-26　垃圾收集间

在一些高层住宅中,设备管道往往集中在中央井筒内,根据设备管网的技术要求设置设备层,以便于安装和检修。各种动力、电力、热力总管设在井筒内,从设备层、顶层或地沟中分散至建筑物的各部分。各种管道,尤其是污水垂直管道的布置对住宅的平面布局影响较大。跃层式住宅上、下层的平面布局不同,管道位置更需认真考虑。

6.5　装配式中高层住宅设计

中高层住宅作为国内刚刚开始发展的住宅类型,被认为是集多层住宅与高层住宅优势于一身的住宅类型。相关研究表明,从节地性、经济性、居民认同性、灵活性与适应性以及居住环境质量性能等因素综合来看,中高层住宅具有极大的发展潜力。

6.5.1　中高层住宅的优势

节约用地的手法多种多样,其中适当增加住宅层数可以说是最有效的方法之一。如图6-27所示,在容积率相同的条件下,不同层数的住宅会产生不同的空地率,但随着层数的增加,空地率的增长趋势在减缓,并在10层的位置出现转折。这是由于现行规范规定10层以上为高层住宅,因而其山墙间距加大所致。9层的中高层住宅与12、13层住宅的空地率接近,在一定程度上可说明9层中高层住宅的节地优势。

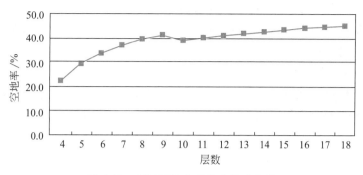

图 6-27 不同层数住宅的空地率比较

多层住宅在适居性方面的主要问题是中老年人5、6层上下交通问题;而高层住宅的主要问题是其居住人口多、接地性差等。中高层住宅因其带电梯,因而较好地解决了多层住宅的上下交通;中高层住宅的高度一般在30m左右,恰恰符合中国古代"百尺为形"的外部空间尺度——中高层住宅整体都在人的视线清晰度范围之内,使其体量不致过于庞大压抑;同时,住在较高楼层的居民可以清晰地观察地面的活动(如监控在地面场地活动的儿童等)。因此中高层住宅在心理上较之高层住宅更容易被居民接受。

由于中高层住宅主要采用框架结构,因而可提供较大的室内空间,大大增加了室内布局的灵活性和对生活变化的适应性(图6-28)。

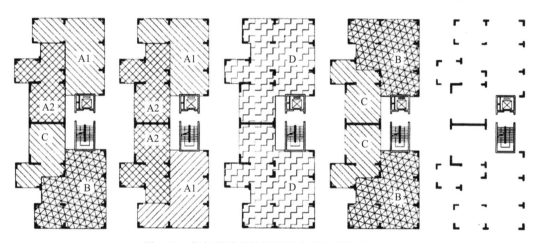

图 6-28 框架异形柱结构可获多种套型平面组合

6.5.2 中高层住宅的设计定位与原则

虽然中高层住宅的优势十分明显,但其居住舒适性与经济性之间的微妙关系,一直是困扰其发展的主要因素。从前些年7~9层住宅不设电梯,到近年来的"大套型、高标准、一梯两户"成为许多大城市中"豪宅"的象征,中高层住宅的设计从一个极端走向另一个极端,这不能不引发对中高层住宅的设计定位与原则的深入探讨。

1. 以经济适用型康居住宅为主

中高层住宅由于增加了电梯等设施,结构形式与建筑材料等也逐渐更新,使其造价比多层住宅有一定的增加,但这不能成为其向豪华型发展的理由。首先,随着居民居住层次与品质的不断提升,电梯将逐步成为城市住宅中的主要垂直交通工具。其次,中高层住宅的节地性能、交通方式优于多层住宅,而其套型平面又是对多层住宅的延续,使其能被广大普通居民接受,具有较好的推广普及性。另外,国家康居示范工程是为了引导21世纪初期大众居住生活水平而建造的居住小区,在其规划设计中提出住宅宜以多层或中高层为主,提倡发展7~11层带电梯的住宅。由此,中高层住宅仍应定位为经济适用型康居住宅。

2. 应采用一梯多户的单元平面

当前较为常见的一梯两户型中高层住宅,其电梯的使用效率较低,通常一部电梯只服务16~20户,而我国香港地区较经济的电梯服务户数一般为60~80户/部。因此,为了减少电梯的户均分摊费用,降低户均分摊的电梯管理、使用和维护费用,也为了提高电梯的使用效率,发挥电梯的最大效能,应针对我国的实际经济状况和城市居民的实际购买力,将经济适用型中高层住宅单元平面的设计定位于一梯多户型。

3. 应合理控制面积标准

根据不同家庭的规模,制定合理的住宅套型面积标准,提高各项配套设施的功能和质量,以达到控制当前日益增加的城市人均居住区用地面积指标,节约城市用地的目的。近年来,国务院加大对房地产市场的宏观调控,多次出台相关措施调整住房供应结构,其中首要一点就是"重点发展中低价位、中小套型普通商品住房、经济适用住房和廉租住房"。"70%的新建住宅面积须建设90m² 以下小套型"。因此,在平面布局中,应以中小套型为主。

6.5.3 中高层住宅平面类型及其特点

目前,我国商品住宅市场上中高层住宅的类型还比较单一,主要以单元组合式、外廊式和点式(塔式)为主,其各自特点与高层住宅类似。

1. 单元组合式

当前中高层住宅单元平面的设计大多沿用多层住宅的思路,只是每单元增加1部电梯,因此多数中高层住宅的单元及套型平面与多层住宅基本相同(图6-29)。一梯两户的套型平面布局、采光、通风效果均好,然而电梯服务户数过少,电梯使用效率较低。一梯多户型,虽提高了电梯的服务户数和使用效率,但中间套型通风效果较差(图6-30)。在设计时可与短外廊式相结合,改善中间套型的通风问题;同时也具有组合上的灵活性(图6-31)。

在防火和安全疏散方面,单元组合式住宅当户门未采用乙级防火门时,其楼梯间应通至平屋顶。

2. 廊式

廊式住宅的特点是电梯服务户数多、电梯使用效率高;但相互干扰大,采光和通风效果差。其中长外廊式较适宜南方地区,可处理成外跃廊型以减小走廊对住户的干扰(图6-32)。长内廊式则宜东西向布置,或通过内廊跃层式设计缓解采光、通风问题(图6-33)。

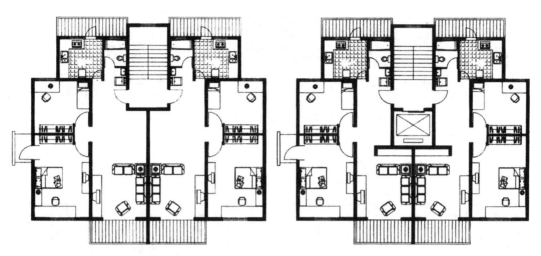

图 6-29　中高层住宅单元平面的设计大多沿用多层住宅的思路

（a）一梯两户型

（b）一梯三户型

（c）一梯四户型

图 6-30　单元组合式中高层住宅的平面布局

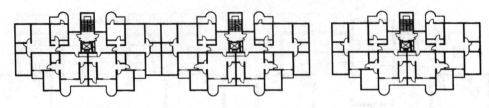

图 6-31　短外廊式一梯四户型

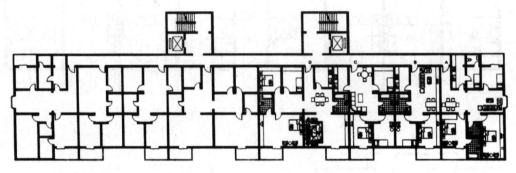

（a）长外廊和垂直交通核设于北侧

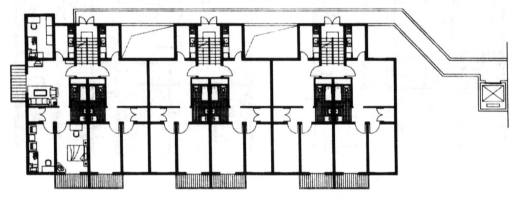

（b）外跃廊型方案

图 6-32　长外廊式中高层住宅

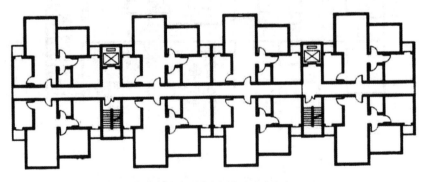

（a）适合东西向布置的内廊式方案

图 6-33　内廊式中高层住宅

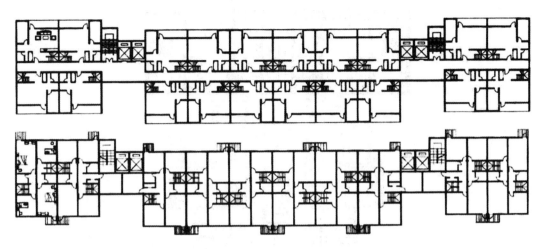

（b）内廊跃层式设计缓解住户的采光、通风问题

图　6-33（续）

3. 点式（塔式）

点式中高层住宅与塔式高层住宅平面布局相似，但因高度不同故体型不如塔式住宅挺拔。点式中高层住宅按防火规范可以只设一部电梯、一部楼梯，但每层建筑面积不超过500m²。楼梯应设封闭楼梯间，但如果户门采用乙级防火门时可以不设。

电梯的使用效率因服务户数多少而不同，当服务户数过多时，套型平面的通风效果和采光均较差，且各套型间存在一定的视线干扰（图 6-34）。

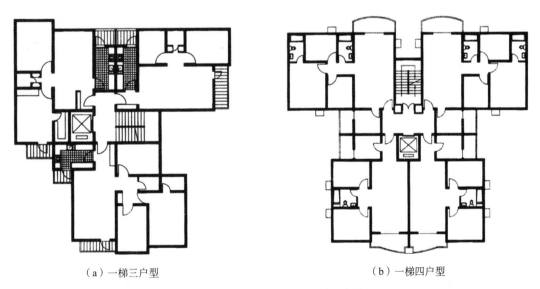

（a）一梯三户型　　　　　　　　　　（b）一梯四户型

图 6-34　点式中高层住宅的平面布局

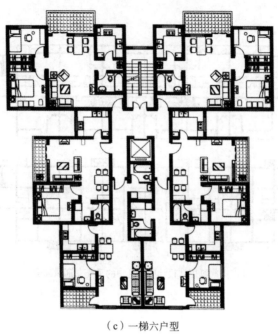

（c）一梯六户型

图　6-34（续）

6.5.4　中高层住宅设计中应注意的问题

1. 电梯系数问题

电梯系数，即一幢住宅中每部电梯所服务的住宅户数。有些城市根据各自的设计经验制定了相应的电梯系数，多以两部或两部以上电梯为基准，在使用中存在相互替换的可能。而对于只有一部电梯的中高层住宅来说，需考虑一部电梯在使用过程中的不可替换性。有研究者提出仅限于一部电梯的中高层住宅的电梯系数参考值：经济型住宅每台电梯服务40～60户；舒适型住宅每台电梯服务20～40户；豪华型住宅每台电梯服务20户以下。由此，单元式和点式（塔式）中高层住宅应以一梯三、四户（或更多户数）为主，廊式中高层住宅应以一梯六户为主。

2. 一部电梯的使用问题

中高层住宅的特点是只设一部电梯，于是当电梯维修或出现故障或发生火灾进行疏散时，就会给居民的使用方便与安全带来一定隐患，而我国住宅设计规范和防火规范对中高层住宅并无特殊要求。因此应在设计中及早予以重视并合理加以解决。可以考虑住宅单元之间合理增设通道，以备一部电梯出现故障时交换使用；或采用廊式布局形式，合理增加电梯数量；减少电梯停靠楼层，延长电梯使用寿命；对电梯进行定期维护、保养，以提高电梯安全性能，延长使用寿命。

由于目前点式中高层住宅多为独立使用，在解决一部电梯使用问题上还缺少有效的方法。一方面可以增加设置电梯的台数，另一方面可将点式与板式、点式与点式中高层住宅联立组合,以便设置联系通道(图6-35)。

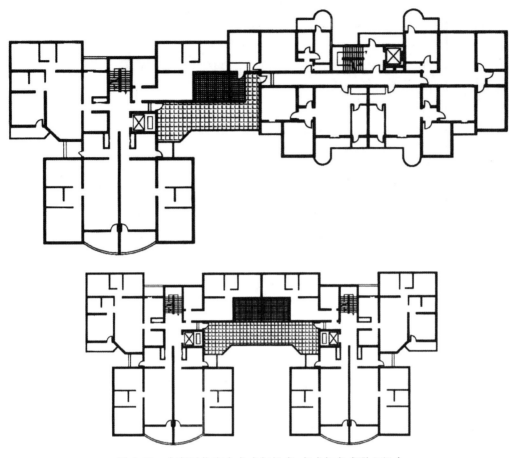

图 6-35　中高层住宅中点式与板式、点式与点式联立组合

　　在实际设计中,中高层住宅可以与多层和高层住宅组织穿插在一起,不仅增加了住宅的类型,而且使城市景观具有层次感,更可以彼此取长补短发挥最佳综合效应。

6.6　装配式高层住宅(养老度假公寓)设计实训

1. 建设地点

位于江苏省常州市西太湖风景旅游区内。南邻城市干道,通向旅游区;西面为湖泊,环境优美;东临城市次干道,交通便捷(图6-36)。

2. 设计要求

(1) 掌握养老建筑设计的基本原理,妥善解决各部分的功能关系,满足其使用要求。

(2) 充分结合地形,密切建筑与环境的关系。在平面布局和建筑形体设计时,充分考虑环境对建筑的影响,各部分设计满足规范要求。

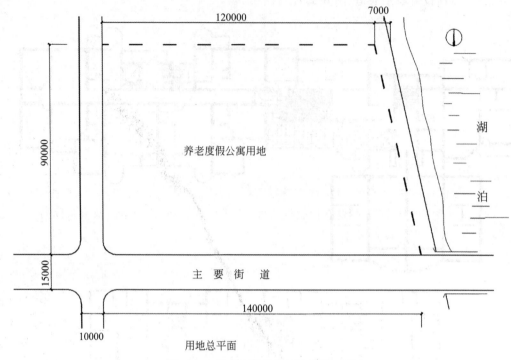

图 6-36　养老度假公寓用地总平面图

3. 设计内容要求及使用面积分配(所有面积以轴线计算)

(1) 规划设计要求

① 规划建筑退让南侧道路不小于 20m，退让西侧道路不小于 10m，退让北侧用地边界不小于 10m，退让东侧用地边界不小于 10m。

② 建筑密度不大于 0.5，建筑容积率不大于 1.5，绿地率不小于 30%。

③ 做好室内外环境设计，安排好建筑与场地，道路交通方面的关系，布置一定数量的停车位及绿化面积。建筑布局功能分区合理，满足无障碍设计要求。

④ 配建停车位控制指标：机动车泊位不少于 0.3 辆/客房，共 18 辆。自行车泊位不少于 1 辆/客房。创造性地进行旅游旅馆的建筑设计，使作品具有时代性和个性。

(2) 建筑组成及设计要求

该养老度假公寓设置床位 200 个，总建筑面积约为 7800m²，允许有±5% 的增减幅度，层数不超过四层。

① 公寓居住单元部分：5000m²，包括单人间 50 间，双床间 70 间，套间 5 间，公寓各层设置服务员工作间、贮藏间、开水间及服务人员卫生间，每个服务单元面积约为 50m²。

② 公共部分：430m²，包括门厅(含服务台、休息厅)、商场、行李间、商务中心、门卫值班室、卫生间、大会议室、小会议室。

③ 餐饮部分：810m²，包括中餐厅、西餐厅、咖啡厅、厨房、卫生间。

④ 康乐部分：310m²，包括健身房、乒乓球室、台球室、舞厅、卫生间。

⑤ 行政管理用房：300m²，包括管理办公室、男女更衣室/淋浴室、职工餐厅、库房、卫

生间。

⑥ 技术用房：170m²，包括消防控制室、配电室、空调机房。

4. 图纸要求

（1）总平面图：要求画出准确的屋顶平面并注明层数，注明各建筑出入口的性质和位置；画出详细的室外环境布置（包括道路、广场、绿化、小品等），正确表现建筑环境与道路的交接关系；注指北针。

（2）各层平面图：应注明房间名称（禁用编号表示）；平面图应表现局部室外环境，画剖切标志；各层平面均应标明表面标高，同层中有高差变化时亦须注明。平面图包括用地环境设计，室内家具。

（3）立面图：不少于两个，至少有一个能应看到主入口。

（4）剖面图：两个，应选在具有代表性之处，应注明室内外、各楼地面及檐口标高。

（5）透视图：效果图或模型。

（6）设计说明：应包括设计构思说明、技术经济指标，如总建筑面积、总用地面积、建筑容积率、绿化率、建筑高度等。

5. 设计进度安排

（1）第一次草图阶段。这一阶段之初，将进行旅馆设计讲课，随后着手进行设计，本阶段设计的主要工作有两项，即正确理解旅馆设计要求，分析任务书给予的条件；进行方案构思，做出初步方案。

① 了解房间内部空间的使用情况，所需面积，各空间之间的关系。

② 分析地段条件，确定出入口的位置，朝向。

③ 建筑物的性格分析。

④ 对设计对象进行功能分区。

⑤ 合理地组织人流流线。

⑥ 建筑形象符合建筑性格和地段要求，建筑物的体量组合符合功能要求，主次关系不违反基本构图规律。

该阶段应集中精力抓住方案性问题，其他细节问题可暂不顾及。可先作小比例方案两三个，经分析比较，选出较优良者作进一步设计。一草应画出总图，平面及初步立面，比例尺可比正式图小，但要求完整反映其设计构思，并有一定表现力。

（2）第二次草图阶段。这一阶段的主要工作是修改并确定方案进行细部设计。学生应根据自己的分析和教师的意见，弄清一草方案的优缺点，通过学习有关资料，扩大眼界、丰富知识、吸取其中有益经验，修改并确定方案，修改一般宜在原方案基础上进行，不得再做重大改变。

方案确定后，即应将比例放大，进行细节设计，使方案日趋完善，要求如下。

① 进行总图细节设计，考虑室外台阶、铺地、绿化及小品布置。

② 根据功能和美观要求处理平面布局及空间组合的细节，如妥善处理视线设计等各种问题。

③ 确定结构布置方式，根据功能及技术要求确定开间和进深尺寸，通过设计了解建筑设计与结构布置关系。

④ 研究建筑造型,推敲立面细部,根据具体环境适当表现建筑的个性特点。

⑤ 对室内空间家具布置进行充分设计。

在该过程中,能经常草拟局部室内外透视草图,随时掌握室内外建筑形象,进行较为完善的深入设计,计算房间使用面积和建筑总面积。

(3)第三次草图阶段。由于第二次草图设计的时间有限,不可避免地会存在一定缺点,不能充分满足各项要求,学生应通过自己的分析、教师辅导、小组集体评图,弄清设计的优缺点,修改设计,使设计更加完善。其要求与第二次草图相仿,但应更加深入,较妥善地解决各项问题,满足要求。

三草图纸要求与正式图相同,细致程度也与正式图相仿,但其重复部分可适当省略,用工具绘制,图纸尺寸和图面布置也应和拟绘制的正式图相同。

(4)出图阶段。对第三次草图做少许必要的修改后,即行出图。正式图务须正确表达设计,没有差错,无平立剖不符之处。

学习笔记

参 考 文 献

[1] 汪杰. 装配式混凝土建筑设计与应用[M]. 南京:东南大学出版社,2018.
[2] 中国建筑工业出版社,中国建筑学会. 建筑设计资料集[M]. 3版. 北京:中国建筑工业出版社,2017.
[3] 周静敏,等. 工业化住宅概念研究与方案设计[M]. 北京:中国建筑工业出版社,2019.
[4] 朱昌廉. 住宅建筑设计原理[M]. 3版. 北京:中国建筑工业出版社,2011.

附录　工程设计实例与分析

本案例的图片与文字均来自南京长江都市建筑设计股份有限公司。

南京丁家庄二期保障性住房 A28 地块项目(2015)作为保障性住房高品质提升的重点工程,以"宜居＋绿色"为设计理念,以"高效率＋高质量"为技术目标,成为江苏省保障性住房中首个技术集成度最高的装配式建筑示范项目。项目以三星级绿色建筑为目标,进行保障性住房工业化试点,形成具有工业化特色的绿色、生态保障性住房社区(附图 1)。

微课:装配式住宅设计案例分析

2015年江苏省建筑产业现代化示范项目

2015年住建部科技示范项目

"可推广、可复制"
"低成本、高效益"
绿色建筑产业化技术集成体系

目标 Objectives
项目以三星级绿色建筑为目标,进行保障性住房工业化试点,形成具有工业化特色的绿色、生态保障性住房社区。

三星级绿色建筑

为在保障性住房中推广建筑产业现代化技术和绿色建筑技术提供示范

附图 1　项目概述

南京丁家庄二期保障性住房 A28 项目位于南京市迈皋桥丁家庄保障房片区,总用地面积 2.27 万 m²,总建筑面积 9.41 万 m²,由 6 栋装配式高层保障房与 3 层商业裙房组成(附图 2)。在新型建筑工业化设计与信息化技术应用上,基于高标准化设计基础,实现了装配式主体结构、围护结构、管线与设备、装配化装修的综合集成与应用。

附图 2　总体设计

1. 标准化设计

场地规划综合住宅主体布局与流线的同时,还应注重规划平面尺寸的规则化、模数化设计的要求,采用 8.4m×8.4m 的矩形标准轴网布置,规格化商业用房和地下停车库,提高空间使用效率,同时将结构柱网上下统一,在建筑设计上体现了"少规格、多组合"的标准化设计原则(附图 3)。以系统性的模块层级分析方法,将住宅建筑平面分解为功能模块、套型模块、标准层模块三个层级（附图 4）。

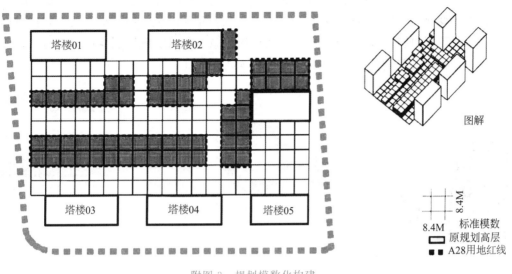

附图 3 规划模数化构建

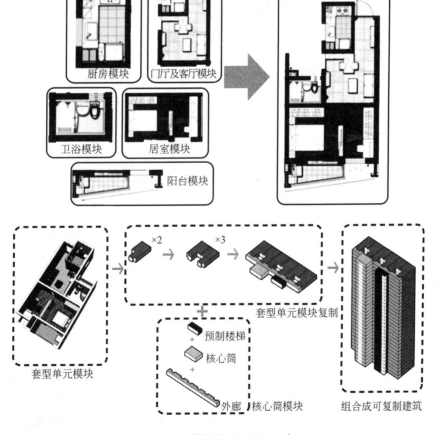

附图 4 模数化平面递级组合

建筑主体结构不变的前提下,可变设计应考虑到标准居住单元全生命周期的可持续发展。在标准户型原型的基础之上,满足小户型住宅、适老型住宅、创业型办公三种未来功能方向的发展变化(附图5)。套型可变设计得益于项目采用的大空间结构形式,通过合理布置剪力墙的位置,使得空间的灵活性与可变性得到较大提升。随着居住单元功能置换,整个居住社区也由纯粹的公租房社区向综合社区转变(附图6)。

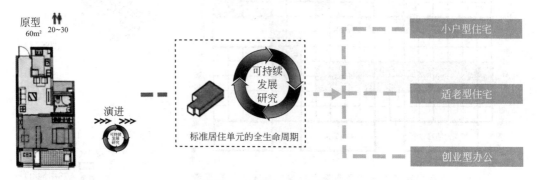

附图5　标准户型可变设计

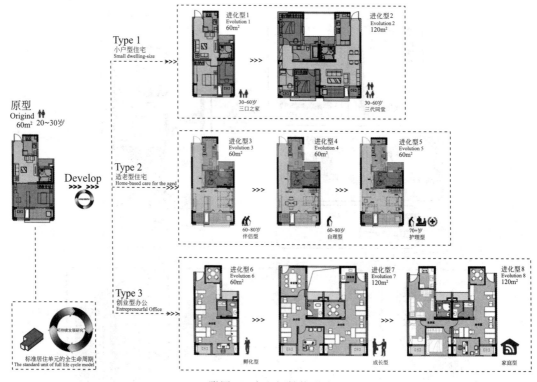

附图6　大空间结构形式

随着家庭的发展,从单身到二人世界再到三口之家,户内在不破坏主体的前提下可以由一室一厅演变出两室一厅,为刚需型小户型(附图7)。考虑到不同年龄阶段的老人需要的空间也不同,研发出伴侣型、自理型和医护型三种不同需求的适老户型(附图8)。考虑家庭人口的增加所带来的改善型住宅的需求,项目可进行两户对拼,在不破坏主体的前提下,形成较大面积的改善型户型(附图9)。双拼户型也可以转变为企业孵化器,家庭办公,具有创新型办公的灵活性(附图10)。

底部商业裙房采用GRC(Glass fiber Reinforced Concrete,玻璃纤维增强混凝土,GRC)预制挂板与山墙横向错动肌理,形成交相呼应的统一视觉艺术效果。本项目采用预制GRC外挂板,设计采用2.2m×5m规格为标准模块进行组合,曲面板统一曲率,肌理线条首尾搭接、连续流畅(附图11)。

2. 装配式结构

本项目采用了装配式混凝土剪力墙结构,预制构件范围包括预制夹心保温外墙板、叠合板、预制阳台空调板、预制阳台板、预制楼梯(附图12)。

外山墙采用保温装饰一体化设计,外叶板上装饰横条纹采用外墙反打技术在工厂一体化预制,实现外墙的结构、保温、装饰一体化设计与应用(附图13)。

结构水平构件预制装配化,现场混凝土浇筑量为现浇板的60%左右,与现浇板相比,所有施工工序均有明显的工期优势,一般可节约工期30%以上(附图14)。

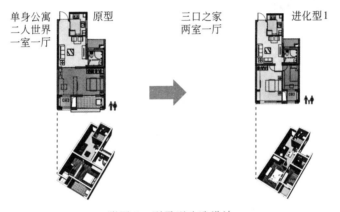

附图7 刚需型改造设计

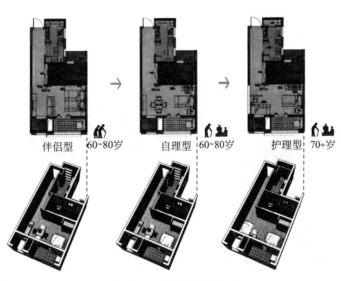

附图8 适老化改造设计

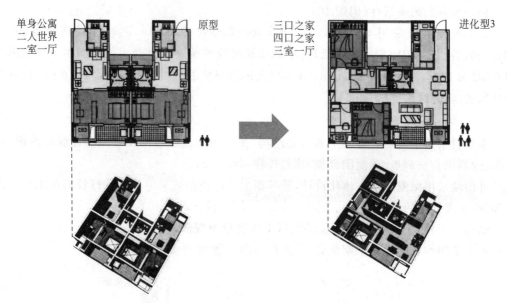

附图 9　改善型改造设计

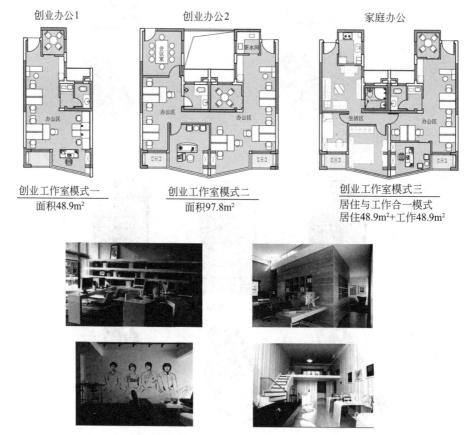

附图 10　创新型办公改造设计

附图 11　商业裙房预制 GRC 外挂艺术肌理板

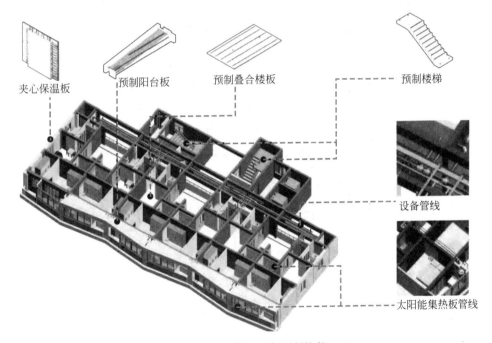

夹心保温板　　预制阳台板　　预制叠合楼板　　预制楼梯

设备管线

太阳能集热板管线

附图 12　结构选型与预制构件

混凝土艺术处理外叶板

中间保温板

混凝土承重墙

附图 13　预制装配式三合一夹心保温剪力墙

叠合楼板
阳台板
楼梯板

附图 14　水平构件 100％预制装配化

3. 装配式装修

本项目全面采用了基于硅酸钙复合板体系的装配化工法（SI 体系）技术系统，实现了"快装、美观、环保、耐久、易换"的要求，具有很好的技术集成应用效果（附图 15）。

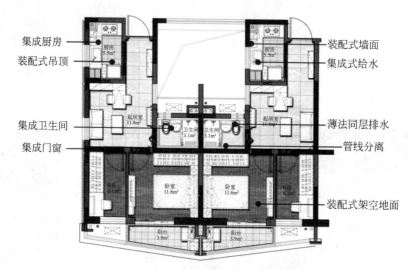

集成厨房
装配式吊顶

集成卫生间

集成门窗

装配式墙面
集成式给水

薄法同层排水
管线分离

装配式架空地面

（a）装配式装修内容

（b）装配式装修现场照片

附图 15　全系统装配化工法

4. 信息化技术

BIM 应用贯穿设计与施工阶段。设计阶段主要应用信息化技术进行构件拆分设计、BIM 模型深化设计、管线碰撞检测等。施工阶段主要应用信息化技术进行模拟施工平面布置、施工方案三维模拟等。

5. 总结

此项目案例的分析,通过装配式住宅标准化设计的研究,总结了从前期策划及平面、立面、构件与部品部件等方面的标准化设计方法。同时,也希望各位同学能够认识到,装配式建筑遵循工业化生产的设计理念,推行模数协调和标准化设计,但装配式住宅的设计并非传统意义上的标准设计和千篇一律,而是尊重个性化和多样化的标准化设计(附图 16)。

附图 16 实景图